『泡爸讲知识』经典系列

RANG HAIZI ZHAOMI DE
WANWU JIANSHI

让孩子着迷的 **万物简史**

U0211022

泡爸／著　泡泡／画

湖南科学技术出版社

总　序

泡爸为什么坚持讲知识?

愚昧这个概念,是相对的。

挑一个你身边最愚昧的老太太,送去100年前,她会成为预言家;送到1000年前,她会成为先知。为什么?因为"她知道更多"。

前人与后人,新时代与旧时代,最本质的差异,从来不是观念理念、道德情操,而是认知的多寡。

人类对世界的认知,不是线性发展的。300多年前,曾经有过一个突破性的节点。那位伽利略同学所开启的"实证科学",为人类认知世界带来了方法上的革命。

从此,那些靠想象建立起来的方法论、靠自圆其说得以立足的"思想"、靠欺骗和权威所巩固的论点,开始一一被这样五个字所推翻:证明给我看。从此,真正的知识,开始发威。

即便你认为物理学跟你毫不相干,你也应该知道,牛顿和爱因斯坦,为我们认识世界的道路,各自点亮了一盏明灯。能与这两位比肩的第三人,目前还没有出现。

即便你早已把生物学知识还给了生物老师,你也必须知道,孟德尔对基因的发现以及由此发展而来的分子生物学,正在并终将彻底改变人类的命运。

即便你对预言未来毫无概念,你也可以知道,40年前,人们对人

1

手一台智能手机的想象，完全可以比拟你现在对20年后人工智能的想象。如果把时间推后50年，人工智能与人类智能的"无缝连接"，才更让人"亮瞎双眼"。

这一切发展和进步的基础，都是两个字：知识。

别再向你的孩子灌输所谓先贤的思想了，那些思想的知识基础，放在当下，简直浅陋不堪。

人文当然重要。然而，知识才是基础。一味孜孜于所谓"感念感动"，而疏忽了知识的学习，必然会不自觉地成为"那个愚昧的人"。

更别以懂得某种所谓"流行理念、先进思想"而自大、封闭，拒绝知识学习。要知道，所谓理念思想，失去知识基础，不论披着何种外衣，往往都不过是一种精神麻醉。

如果你的知识积累跟世界同步，你是一个达人；如果你的知识积累领先于你所处的时代，你可以活得充满喜悦和自豪；而如果你的知识积累落后于你的周边，那么，很不幸，你会被划入愚昧的阵营。

怎样才能让你的孩子不落后于他所处的时代？

给他世界观，不如带他观世界。

求知欲的多少，决定着孩子的未来。

这套丛书，一共7本，从历史、地理到自然、宇宙，也包括唐诗宋词。在泡爸看来，这些，正是一个小学生最需要系统掌握的知识。

"把知识变成故事，把讲解变成聊天"，是泡爸的写作出发点。除了有趣和故事性，泡爸更在意的一点，则是"系统"这两个字。碎片化的学习，没有系统性的零散知识，往往看似学了很多，却杂乱记不住，也难以成为下一步深度学习的基础。

这套着迷系列，更希望孩子们在有趣的阅读中，在故事性的知识里，读懂读透。激发求知欲的同时，也获得知识学习和理解的境界提升。

目录

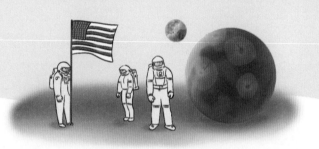

宇宙、时间

地球、生命 ▲▲▲

SPACE
PROBE

宇宙、时间

[外星人，
请不要来地球]

第一篇，咱们先说说外星人。到底有没有外星人？这事不好说，可能有，也可能没有。

地球上为什么有生命、有人？因为地球上有水、有空气、有合适的温度。

地球只是宇宙里的星球之一，宇宙里一共有多少星球呢？无数。无数是多少？你看下边这个数。

100000000000000000000000000000000

数一数，多少个 0？30 个。这个数怎么读？我也不知道。这个数够大了吧？宇宙里的星球数，比这个数还大。

不管地球的诞生有多偶然，在这么大的数字里，诞生几千、几万个跟地球差不多的，有水、有空气、有合适温度的星球，那是必然的。

所以，外星人可能有。这些可能存在的外星人有没有来过地球，这个事儿说不清。

世界上有太多人说自己见过不明飞行物 UFO、见过外星人，他们把见到外星人的过程讲得绘声绘色的，一对美国夫妇还讲了他们曾经被外星人绑架的经过。

1961 年 9 月 19 日晚上，希尔夫人和希尔先生一起开车回家，两人遇到了 UFO。UFO 是一个扁平状的圆盘，周围有一圈窗户，有光线从窗户里射出来。窗户边站着十几个像人一样的东西。

遇到 UFO 的过程中，两个人有 2 个多小时的时间，失去了记忆。

后来，在催眠作用下，希尔夫人说，她被几个黑眼睛、黑头发，穿着制服，身高跟普通人差不多的外星人带进了飞船。

在飞船里，医生对希尔夫人做了仔细的身体检查，还剪下一缕头发和一片指甲，取了一些皮肤屑，又做了脑电图扫描一样的事情。

希尔夫人还说，外星人给她看了一张星系图，图上有大大小小的星系，星系之间有的还连着线。有虚线、有实线、颜色深浅还不一样，有意思的是，都不是直线，而是弧线。可惜，希尔夫人没看到地球在哪。

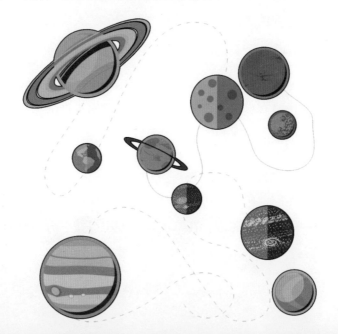

催眠状态下，人一般不会说谎，所以很多人相信希尔夫人说的是实话。

希尔是全世界第一个报告被外星人绑架的人，后来被人称为"UFO第一夫人"。

有意思的是，从这事儿之后，越来越多的人开始说自己被外星人绑架过。他们描述的经历神乎其神，由不得你不信。

还有人说，在古代人画的岩画里发现过外星飞船和穿宇航服的人。古代人怎么能想象出外星飞船和宇航服的样子呢？于是就有人猜测外星人确实来过地球，古代人见过，才画出来的。

有人认为，美国军方跟外星人有过接触，这事儿属于高度军事机密，所以不对外透露。最邪乎的说法是，美国军方收藏着很多具外星人的尸体，是从最近几十年外星太空船的残骸中秘密搜集的。自称见过这些尸体的人说，外星人也有嘴巴和耳朵，个头比人类小。

只是，这些说法并没有被美国军方证实。而且，整个世界上谁也没有真正确切的证据，能够拿出来让大家相信外星人来过地球。

不但普通人对外星人感兴趣，科学家也感兴趣。世界上的科学家们在做两件跟外星人相关的工作，一是用设备搜寻太空中的各种电磁波，在这些电磁波里寻找、分辨外星人的信号，希望找到外星人；二是在太空中发射电磁波，用地球上的几种语言向外星人介绍地球，"你好老外，我是小地，你好你好"，希望外星人能够找到咱们。

科学家找外星人的热情可以理解，在空旷的宇宙中，地球人连个邻居都没有，挺孤独的，能有个邻居当然好。可是，乱找邻居的做法也超级危险，谁能保证找来的一定是个好邻居，而不是坏邻居呢？

这话不是我说的，是一个超级大科学家霍金说的。他这么说，是有理由的。

比如，一群人来到一个荒岛，荒岛上没有果子或者果子不够吃，岛上又碰巧有野兔、山鸡。这些人在饿死之前会怎么办？会捉野兔、山鸡吃对吧？因为他们觉得自己是高等生物，高等生物的生命就应该比低等生物重要。

要是这些人在荒岛上发现了金矿呢？他们还会回来开发，才不会管采金矿会不会破坏了野兔、山鸡的生存环境呢，因为他们觉得自己是高等生物，有这个权力。

这跟外星人来地球是一个道理，外星人如果能穿越太空来地球，他们的科技一定比咱们发达得多，比咱们更高等。在他们眼里，咱们是什么？低等生物，说不定连咱们眼里的野兔、山鸡都不如。谁知道他们会不会看咱们不顺眼，或者因为什么特别的需要，把人类给灭喽？人家是更高等的生物嘛，灭咱们很轻松的。

泡泡（七岁）配图

　　这种事，以前人类就干过。200多万年前，第一批人类走出非洲，到了欧洲、亚洲生活。又过了200多万年，十几万年前的时候，第二批进化程度更高的人类再次走出非洲，在欧洲、亚洲碰到第一批人，就像打猎一样把第一批人给灭了。因为，在第二批人眼里，第一批人跟猩猩大象差不了多少。现在的地球人，都是第二批人类的后代。

　　地球上有很多资源，如果外星人觉得某些资源是宝贝，非要开发的话，就会很麻烦。比如地球的地心由铁和镍两种元素组成，如果外星人特别需要铁或者镍，来个外星高科技把地球炸开，从地心里取铁取镍，地球不就完蛋了吗？

所以，外星人，别来地球吧。如果人类注定要跟外星人见面，最好是等人类科技发达了以后，咱们去外太空看他们。

[牛顿和爱因斯坦 都答错的问题]

牛顿和苹果的故事你听过吧？牛顿在花园里散步，一个苹果掉下来，砸到他头上，给他砸出了灵感：为什么苹果是往下掉，而不是往上飞呢？噢，是地球在吸引它。于是牛顿就发现了万有引力：所有物体之间都有相互吸引力。

这个故事有瞎掰的成分，牛顿的原话是这样说的：当我在沉思的时候，一颗苹果落地，让我对万有引力的思想有了启发。你看，苹果其实没有落到牛顿的头上，而且，在看到苹果落地之前，牛顿已经在思考万有引力的事情了。

牛顿发现万有引力，对于人类来说太有价值了。好多以前解释不了的事情，一下子可以解释了，为什么你跳起来还

泡泡（七岁）配图

牛顿和苹果的故事

要落到地面上？为什么人类想飞上天这么难？为什么人从高处掉下来会摔得很疼？因为地球对人有引力，牵着呢。可别觉得地球引力不好啊，地球引力确实束缚人，但要是没有地球引力，人也没办法在地球上待着，早就被甩到太空里去了。

万有引力是相互的，地球对苹果有引力，苹果对地球也有，而且引力的大小一样，为什么是苹果掉下来，而不是地球被吸上去？对了，苹果轻嘛。

宇宙里，所有的物体之间，都有相互的引力。你这会儿在床上，厨房冰箱里的冰淇淋和你之间也是有引力的，为什么你和冰淇淋没有被吸到一起？引力太小。要是那个冰淇淋像地球一样大，早就把你吸过去了。

万有引力很好地解释了为什么地球一直围着太阳转，而没有飞走；为什么月球一直围着地球转，没有飞走。因为太阳对地球有引力，地球对月亮有引力。

但另外两个问题出现了。一个是小问题，一个是大问题。

小问题是：既然有引力，为什么太阳没有把地球吸过

9

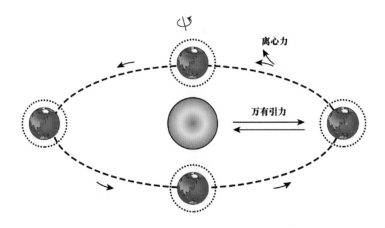

去，地球没有把月亮吸过来？

这个小问题好解释，因为地球是围着太阳转的，转的时候，地球会产生向外的惯性力，也叫离心力，这个力正好跟太阳和地球之间的引力抵消。所以地球只是围着太阳转，既不飞走，也没有被吸过去。就好像你骑自行车，轮子转，你就能向前走而不摔倒。

大问题是：宇宙中有那么多的星球，这些星球之间互相吸引，最终应该塌到一起去才对呀？为什么宇宙没有塌到一起去呢？

这个问题把牛顿难住了。

牛顿这么解释：宇宙中的星球是均匀分布的，比如左边有一堆星球向左吸引太阳，右边还有同样的一堆星球在向右吸引太阳；上边有一堆星球向上吸引太阳，下边还有同样的一堆星球在向下吸引太阳。所以太阳就不动了。而且宇宙中所有的星球都跟太阳一样，受到前后左右其他星球的均匀的吸引，所以大家就保持平衡，没有塌到一起去。

牛顿错了，宇宙中的星球不是这么均匀的。

后来有人帮着牛顿解释：星球之间不是有引力吗？但是星球之间的距离非常大的时候，引力会变成排斥力。近的星球在引你，远的星球又在斥你。这样星球们就平衡了，不会塌到一起去。

这个解释还是错的，星球之间只有引力，没有这种所谓的排斥力。

而且，如果宇宙中的星球靠上下左右其他星球的引力或者斥力维持平衡，那宇宙也太不稳定了。万一有哪个星球有点变化，或者动一下，还不得整个宇宙都跟着乱晃。

一直到牛顿去世，这个问题都没有正确答案。甚至在牛顿去世之后 200 年，也没有人正确解释这个问题。因为，试图回答这个问题的人，都被一个错误的前提影响了，他们认为，宇宙是静止不动的。包括特别特别牛的大科学家爱因斯坦，也在这个问题上摔了个大跟头。

爱因斯坦的最大成就，你听说过的吧？是提出了相对论。什么是相对论，过几天我会给你讲，而且保证你听得懂。今天先说爱因斯坦犯的错误。

爱因斯坦发明了相对论之后，能听懂的人都觉得相对论很好。但他自己发现一个问题，按照他的相对论公式，宇宙不可能是静止不动的，宇宙要么在膨胀、要么在收缩。但是爱因斯坦认为那是不可能的，伟大的宇宙一定是一个平衡的、稳当的、静止不动的东西。

那自己的公式又是怎么回事呢？难道错了吗？爱因斯坦被难住了。如果把宇宙比作上帝，现在的问题是，要么自己错了，要么上帝错了。上帝当然不可能错，自己也不应该错啊。

那怎么办呢？爱因斯坦决定发明一种看不见的东西。他说，宇宙当中有一种看不见的物质，具有一种看不见的能量，这种能量在宇宙中各个星球之间产生排斥力，排斥力的大小同引力一样，但是方向相反，天体之间距离越大，排斥力增强。爱因斯坦给这个假想的东西起了个名，叫"宇宙常数"。

爱因斯坦认为，有了这个常数，宇宙就可以静止不动啦。后来，爱因斯坦说，这是他一辈子犯过的最大的错误，最没面子的事。

对，问题在这里，宇宙不是静止不动的。非要先把宇宙想成静止不动的，当然要犯错误啦。宇宙是怎么样的？下一章接着讲。

泡泡（七岁）配图

[宇宙是一个吹
不破的大气球]

研究天文的人，离不开一样东西：天文望远镜。

天文望远镜发明于 300 多年前，天文望远镜还没发明的时候，人们错误地认为：太阳是绕着地球转的，地球是宇宙的中心。不光太阳，所有的星球都绕着地球转。

这个错误的观念被天文望远镜扭转了。天文望远镜一出生，就证明了地球是绕着太阳转的。

80 多年前的时候，天文望远镜又发挥了一次特别大的作用，证明了它的价值。一个叫哈勃的人，通过望远镜发现，远处的星系不是静止的，在往更远处走，越走越远。

这个发现超级厉害，星系们都在往外跑，说明宇宙不是静止不动的，而是在不断膨胀。你在气球上画几个点，然

后吹气球，气球变大，这些点之间的距离会怎么样？越来越大对吧？宇宙就像这个气球，那几个点可以代表星球。

知道了宇宙在不断膨胀，就解释了当初牛顿解释不了的问题，为什么宇宙中的星球没有塌到一起。因为宇宙在不断膨胀，这个膨胀的力量超过了星球之间的引力。

哈勃，美国人，是个很牛的科学家，学什么都行。中学毕业以后，拿到奖学金上大学，在大学里学数学和天文学。大学毕业以后，又拿到奖学金去英国牛津大学学法律。上中学的时候，哈勃还是整个州的中学跳高冠军，人也长得很帅。

哈勃大学毕业以后回到美国当了律师。可是后来他觉得自己还是喜欢天文，就又重新读天文，拿了天文学的博士，然后成了很有成就的天文学家。

美国为了纪念哈勃，后来用哈勃的名字命名了一架非常牛的望远镜。这个望远镜是太空望远镜，被发射到太空中，像卫星一样围绕地球转动。因为不受大气层影响，哈勃太空望远镜拍的太空照片比从地球上拍的清楚多了。

哈勃证明了宇宙在膨胀之后，爱因斯坦很服气，很快宣布放弃宇宙常数那个想法。

哈勃很厉害，他不但证明了宇宙在膨胀，并且还计算出了宇宙膨胀的速度。后来的科学家们在哈勃的基础上接着算，居然算出来，宇宙一共膨胀了大概 140 亿年。140 亿

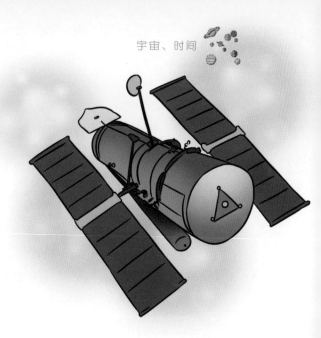

年，就是宇宙的年龄。

问题又来了。

宇宙为什么会膨胀？宇宙在 140 亿年前还没膨胀的时候是什么样？膨胀会不会结束？膨胀结束了什么样？

宇宙为什么会膨胀？因为宇宙发生了爆炸。在发生爆炸之前，宇宙是一个温度特别高、密度特别大、体积特别小的点。就是因为这个点温度太高、密度太大、体积太小，所以发生了大爆炸。

爆炸之后形成了物质、形成了星球，爆炸的力量特别大，所以宇宙一直在膨胀之中，星球之间的距离越来越远。

这是第一种说法，在这种说法里，宇宙是从大爆炸开始的，大爆炸之前，什么都没有，没有物质、没有星球，更没有宇宙。这种说法讲不清楚膨胀会不会结束，也讲不清楚膨胀结束了之后宇宙什么样。

还有第二种说法，第二种说法认为宇宙是循环变化的，膨胀会结束，膨胀结束之后，宇宙就会收缩，收缩到非常小之后，又会再膨胀，一遍一遍地来回循环。第二种说法比较新，可以解释宇宙的膨胀会不会结束的问题。但最最开始的宇宙怎么来的呢？就又说不清楚了。

这两种说法，是科学家凭空想出来的吗？

不是，是科学家根据一些事实构建的理论，并得到了一些实验证据的支持。

最开始大爆炸理论出来的时候，信的人很少。提出理论的那个人说，如果大爆炸理论是正确的，宇宙中应该可以找到大爆炸初期产生的微波辐射。如果能找到这种微波辐射，就可以证明大爆炸理论是正确的。微波辐射找到了没有？找到了，在整整 20 年以后找到了，跟那个人最初的预测一致。从那以后，科学家们接受了大爆炸理论。

后来，又有科学家在宇宙中发现了不一样的微波辐射，这种不一样的辐射不是大爆炸产生的，只能产生于大爆炸之前，说明大爆炸之前就有宇宙存在。所以，大家又开始相信宇宙是不断在爆炸、膨胀、收缩再循环爆炸的了。

到目前为止，这两种说法都还不是最后的结论。宇宙是怎么回事，更完美的结论一定会有。宇宙大爆炸从提出到现在才 60 多年，再过 60 年，你肯定还活着。60 年呢，会有很多结论出来的。

[可怜的科学家]

哥白尼

今天咱们讲几个人，几个科学家，几个可怜的科学家。

先讲哥白尼。哥白尼很厉害，他是第一个判断出地球绕太阳转的。那会儿天文望远镜还没发明出来呢，哥白尼纯粹凭计算算出来的。但是他害怕教会，不敢公布。那时候教会的权力很大，教会认为上帝创造了地球和人类，地球必须是宇宙的中心。挑战这个就是挑战上帝，那可是天大的罪。

哥白尼 40 岁就判断出地球绕太阳转，到老了才敢写成书，书印出来的时候，他已经 70 岁了。拿到书的当天，哥白尼去世了。

哥白尼去世 70 多年以后，伽利略发明了天文望远镜。伽利略用天文望远镜证明了是地球围着太阳转而不是太阳围着地球转。

即使没有发明天文望远镜，伽利略也是一个了不起的人物。除了天文，伽利略在很多学科上都有重大贡献。据说，伽利略做过一个非常著名的实验。两个铁球，一个重，一个轻，如果从高处同时往下掉，哪个先着地？当时的人都认为肯定是重的先着地，但是从来没有人做过实验。

伽利略拿着两个大小差别很大的铁球上了比萨斜塔，同时放手，结果两个铁球同时落到地面。

这个实验有可能是后来人编的，不过，用实验的方法验证科学，确实是从伽利略这里开始的，甚至，整个现代科学都可以说是从他这里开始的。所以后来伽利略被称为现代科学之父，对，就是现代科学他老爸的意思。

木星的 4 颗大卫星是伽利略发现的，为了纪念伽利略，人们把木卫的这 4 颗卫星，不再叫木卫一、木卫二，而叫伽利略卫星。

用卫星纪念伽利略是后来的事，伽利略活着的时候，越是重要的科学家，越招教会讨厌，因为科学家的理论让教会不高兴。伽

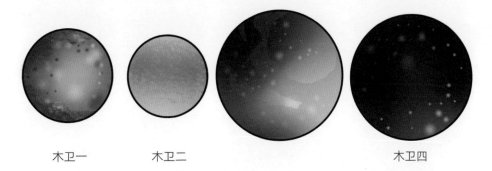

木卫一　　　　　木卫二　　　　　　　　　　　　　　　　木卫四

利略给教会送去望远镜，让他们自己看，但教会的人不看，说望远镜里看到的东西不是真的，是假象。然后找出各种理由惩罚伽利略，直到把他关进监狱，一共关了 20 多年。

伽利略发明了天文望远镜之后，开普勒迷上了。开普勒用望远镜观察好几十年太空，发现了很多太阳系里行星运动的规律，后来他发现的这些规律被人证明适用于全宇宙，所有的星球都是按照这些规律运动的。比如，行星按椭圆形轨道绕着恒星转，离得近的时候转得快，离得远的时候转得慢。

开普勒的生活也很可怜，他年轻的时候，也因为反对教会，被赶出国去波兰生活。在波兰的时候又遇到战争，开普勒的妻子在战争中得病去世，接着又有两个孩子得病去世。开普勒在波兰的工作不被认可，长期拿不到工资，日子过得很苦，还被教会攻击。后来，他母亲又被教会诬陷成巫婆，关进了监狱。开普勒一边救他母亲，一边自责，觉得是因为自己反对教会，把母亲害了。

开普勒去世之后 50 年，牛顿发现了万有引力。牛顿能

19

够发现万有引力，很多启发来自开普勒发现的那些规律，所以牛顿有一句名言，"如果说我看得比别人更远些，那是因为我站在巨人的肩膀上"。

牛顿也是一个可怜的人。

到牛顿的时候，科学家的地位已经提升了，不再像之前那样受教会刁难。牛顿在物理、数学、光学、哲学方面都有非常大的成就，当上了英国皇家学会的会长，地位很高。

牛顿可怜，主要是因为他的性格，太孤僻，还脾气暴躁，不会跟人交流。牛顿当教授的时候，他讲的课，内容深奥，表述不清，很少有人听得懂，上课的学生非常少。有时候，简直就是他自己对着教室的墙壁朗读。

在科学上，牛顿是个天才。有一次，一群科学家研究

煮怀表的牛顿

一个数学难题，用了一年半的时间，没有结果。后来有人说，把题目给牛顿试试。结果当天下午 4 点牛顿拿到题目，第二天早上就给出了正确答案。

因为性格孤僻，牛顿从来不参加娱乐活动，一辈子没娶过老婆，在生活上也很白痴。有一次给他做饭的老太太有事要出去，就把鸡蛋放在桌子上说："先生，我出去买东西，你自己煮个鸡蛋吃吧，水快烧开了。"牛顿正在做研究，头也不抬"嗯"了一声。老太太回来以后问牛顿煮了鸡蛋没有，牛顿说："煮了"。老太太掀开锅盖一看：锅里居然煮了一块怀表，鸡蛋还在原地放着呢。牛顿错把怀表扔锅里啦。

牛顿晚年的时候，已经是大人物了，但孤僻的性格还在。他当了 20 多年皇家学会会长，一直都很专横，不许别人有反对意见。再后来他居然对科学研究完全失去了兴趣，转去研究毫无意义的炼金术。炼金产生的气体有毒，牛顿中了毒，性格变得更加暴躁，特别喜欢跟人吵架，日子过得一点也不高兴。

[霍金和他的黑洞]

牛顿是性格孤僻的科学家，但并不是所有的科学家都性格孤僻。下面要讲的这位，也是英国人，也挺可怜，不过性格可不孤僻。他有趣、爱开玩笑，还喜欢跟人打赌。

霍金在 21 岁的时候，患上了肌肉萎缩症，除了两根手指，四肢都动不了。到 43 岁的时候，又做了一次气管手术，连说话也不能了。就是这么一个一辈子坐在轮椅上

伟大的物理学家霍金

思考，用两个手指头表达的人，对宇宙研究做出了很大的贡献。

霍金的大贡献包括对黑洞的研究。

什么是黑洞？黑洞不是洞，黑洞也是一个球状的星体，而且曾经是像太阳一样不断燃烧、发光发热的大恒星。

燃烧的大恒星烧完了之后，就不再发光发热了，而是像宇宙膨胀到头了一样，开始往中心塌。越塌越小、越塌越密。有一些塌得太密，密到质量特别大，对周围物体的引力也特别大。如果有物体从它旁边经过，就会被它吸进去。即便有光线照到它，光线也会被吸进去。这个星体就成黑洞了。

从地球看太空，晚上天气好的时候，能看到满天繁星。这些发光的星星都是像太阳一样发光发热的恒星，太空中并不是只有这些星星，还有像地球、火星、月亮一样这种自身不发光的行星。火星、月亮这样的行星，太阳光照上以后，会反射太阳光，所以有光的时候，咱们就能看见它们。就像现在，我坐你旁边，灯光照到我，我反射光，你就能看见我。

那些黑洞就不一样了，它自己已经不发光，别人的光照到它之后呢，又被它吸进去了，它不发光还不反射光，所以，根本没有可能看见它。

这样说更明白一些，太空中有三种星体。第一种是太阳那样发光发热的；第二种是火星、月亮这样的，不发光但发射光；黑洞呢，是第三种，既不发光也不反射光。

既不发光也不反射光，谁也看不见，怎么证明黑洞存在？

也不是一点办法都没有，黑洞虽然看不见，它不也是个星体吗？不是也有引力吗？如果一个星球离黑洞不远也不近，既受到黑洞吸引，又没有被它吸过去，那这个星球就有可能绕着黑洞转，就像地球绕着太阳转一样。

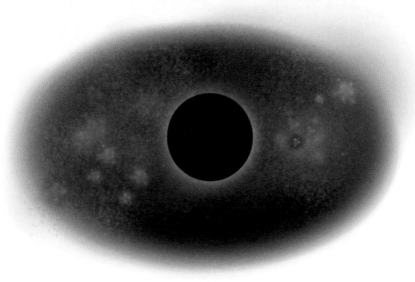

这是想象的黑洞

如果能在太空中发现一个星球绕着一个看不见的东西转，那个看不见的东西有可能就是黑洞。

有一回霍金跟人打赌，赌某个星系里有没有黑洞，你

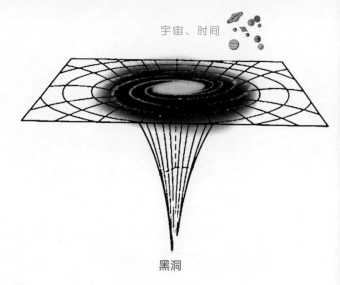

黑洞

猜霍金赌什么？他赌没有。他说，我研究了一辈子黑洞，如果真没有，我虽然失望，但可以靠这次打赌获得一点补偿。赌注是什么呢？一摞杂志。

霍金好玩吧？但是这次打赌他赌输了，后来大家认定，那个星系里有黑洞。

霍金用他的理论证明了黑洞存在，霍金的理论也让大家都相信黑洞是存在的。可是，霍金一直没得到诺贝尔物理学奖，因为诺贝尔物理学奖要求必须用实验证明你的结论，不能只是理论，真没办法。

霍金来过三次中国，每次来中国，都有很多人跑去看他演讲。大多数人其实也不为听什么，主要是去看他，向他表示敬意。因为霍金不光是大科学家，还是大科普作家。他写过一本叫《时间简史》的书，薄薄的一本，全世界卖出了几千万册，在中国也卖了一百多万册。这本书帮助很多人解除了对宇宙的疑惑，增加了对宇宙的兴趣。这书你现在看不懂，上了大学以后看比较合适。这会，还是看我改编的《大人孩子都能懂的时间简史》吧，跟《时间简史》中文版一样，也是湖南科技出版社出版的。

霍金很可爱的，喜欢打赌，还很调皮。有一回查尔斯王子接见他，他不坐轮椅吗？就两个手指头能动。他居然用两个手指头控制轮椅，玩旋转，结果没玩好，轮椅压到了查尔斯王子的脚。老头好玩吧？

这么好玩的老头，真希望有人能早点用实验的方法，帮助他百分之百地证明黑洞存在。

[空空荡荡的太阳系]

　　看这张太阳系图，从图上看，八大行星挨得挺近，太阳系看着挺热闹的是吧？其实不是这样的，这张图把行星画得近，是为了在一张图上把八大行星都画出来。

　　八大行星之间远着呢，比如地球跟离得最近的金星吧，距离最短的时候也有 4000 万千米。4000 万千米，用地球一个挨一个排，3000 多个地球才能排满。如果一个一个排到离得最远的海王星，更多，得排 30 多万个地球。要按照正常比例画太阳系，还把八大行星都画在一张纸上，这张纸可就大了去喽，至少几千米长。

　　不光太阳系空空荡荡，整个宇宙都空空荡荡。在银河

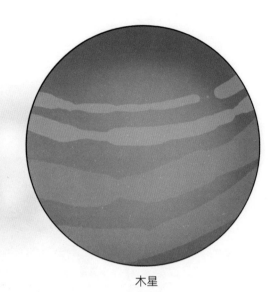

地球

木星

系里，太阳这样的恒星有几千亿个。几千亿个，应该挺密的吧？不是，离太阳最近的恒星也有 4.3 光年远，4.3 光年是多远？光也得走 4.3 年。光一秒钟能走 30 万千米的，4.3 光年如果按照最快的航天飞机的速度飞，你知道得飞多少年？十几万年。

科学家认为离太阳系最近的可能有外星人的星球，在 200 光年远的地方。200 光年，航天飞机要飞几百万年。所以，外星人想来地球，不容易着呢。他得有非常非常快的飞船，路上还得小心看不见的黑洞，别离太近了被吸进去，还得在不计其数的恒星系里碰巧来到了太阳系，又看到了地球。

太阳系里原来有九大行星的，第九个去哪了？不是飞走了，是被地球上的科学家给开除了。2006 年，世界上的科学家们开了个大会，认为第九大行星冥王星太小，决定

开除它。冥王星比其他八大行星离太阳都远，还太小，多小呢？如果把冥王星放到地球上，连中国的一半都盖不住。论质量，地球比它大几百倍。

八大行星里，地球不是最大的，最大的是木星。木星有多大？这么说吧，如果木星是空的，可以装进去1300多个地球，木星的质量当然也比地球大，是地球的300多倍。

要是把小卫星看作行星的小弟，八大行星里谁小弟最多，混得最好呢？还是木星，地球才只有月亮这么一个小弟，木星有63个小弟。为什么啊？因为木星个头最大，引力也最大，被它吸过去的小卫星也就最多。

你看现在八大行星规规矩矩的，各自沿着自己的轨道转。一开始可不是这样，太阳系刚形成的时候，满太阳系里，到处是碎块，这些碎块你撞我、我撞你，经常引发爆炸。后来慢慢地碎块吸到一起，再绕着太阳转啊转啊，转成了球形，才有了现在的行星。

除了这些大行星，太阳系里还有很多小行星，在火星和木星之间，就有一大片小行星带，有50多万颗小行星。除了这些小行星，太阳系里还有更多小碎块，在太阳系里漂着。

跟大行星相比，这些小行星和小碎块就没有那么规矩了，经常在太阳系里乱飞。那有没有可能撞到地球？有，不是有可能，而是一定会。

地球上为什么会有陨石？陨石是太空来的。太空中的

小碎块或者小行星撞了
地球以后，变成陨石。
中国国家地质博物馆
里，有一块很大的陨
石，差不多 1 米高，我
去摸过，特喜欢。

　　小陨石撞地球，没啥事，也就砸
个坑吧。大陨石撞地球，或者小行星撞地球，
那就麻烦了。地球上的恐龙为什么灭亡？大多数科
学家们认为是大陨石撞地球撞的。被大陨石撞了，地球会
发生海啸、地震、火山喷发，毒气蔓延，烟尘把地球完全
罩住，太阳照不进来，这样很多生物都会灭绝。

　　除了小碎块和小行星，还有一种东西可能撞到地球——
彗星。彗星是太阳系刚开始形成的时候，大爆炸产生的冰
块，这些冰块在太阳系外围聚了一大堆，有的时候受到太
阳或一些行星引力的作用，会冲进来。小的彗星冲进来，
发一下光就熔化了，很漂亮的，拖着个长尾巴。但是如果
彗星个头太大，不光冲进来，而且朝咱们撞过来，那就惨
了，彗星撞地球啦。

　　100 多年前，俄罗斯西伯利亚的通古斯，发生过一次
大爆炸。那次大爆炸很厉害，70 千米以外的人都被烧伤了，
升起的蘑菇云有十几千米高。很多人觉得是大陨石，后来

慧星撞击地球留下的

科学家去考察，居然既没找到陨石，也没找到陨石坑，如果是陨石掉下来，不可能没有坑的。所以科学家们判断，这次大爆炸最大的可能是彗星，因为彗星里主要是冰，这大块冰还没碰到地面，就爆炸了，所以既没有坑，也没留下什么物质。

很害怕是不是？担心彗星或者小行星撞地球？担心地球灭亡？不用，大个的、直径几千米的东西撞上地球，才会对地球形成毁灭性的打击。1993 年的时候，有过一个彗星从地球旁边飞过，离地球的距离差不多 10 来个地球远，就好像一颗子弹从你 5 米之外飞过，挺悬的。悬是悬点，不过，直径几千米以上的大东西撞上地球的事，上百万年才一次。你去担心这个，还不如注意着自己别感冒呢。

[去月球玩玩]

月球是离地球最近的星球，是唯一绕着地球转的星球，也是人类在地球之外，唯一去过的星球。

月球比地球小很多，论个头，地球有月球 50 个大；论质量，地球是月球 80 倍。月球不是轻嘛？月球的引力也小，只有地球的六分之一。你去月球上跳一下，那肯定跳得比在地球高多了。

地球旁边为什么有个月球？很多种说法。一种说法是，本来月球在太阳系里游荡，有一次从地球旁边经过，不留神离得太近了，结果被地球的引力吸住，再也没跑掉。这不是认可度最高的说法，认可度最高的，是说一个大家伙"咣"

地撞到了地球，从地球上撞飞了一大块，这一大块变成一堆小碎块，绕着地球转，转着转着转到了一起，又转成了球形，就是现在的月球。为什么这种说法认可度高呢？因为月球上的土壤和岩石，跟地球上的成分很像。

咱们观察月亮，其实只能看到月亮的一面，另一面在地球上永远看不见，所以有人写科幻小说，讲月亮的背面住着外星人，这个你知道，只是小说而已，外星人怎么着也不至于住在月球那么小、那么破的地方。

月球上没有水，没有空气。到处都是光秃秃的环形山，环形山咋来的？被撞的。月球上有上万个环形山，看这些环形山就知道了，当年太阳系里有多少碎块到处乱撞。那地球离月亮这么近，怎么地球上没有环形山，难道只撞月球不撞地球？不是啦，地球也被撞了的，只是地球上有水有空气，会发生侵蚀，那种环形山地貌已经没啦。

月球环形山

月球上虽然破破烂烂，没水没空气，人类还是想上去看看。第一个把探测器送上月球的是苏联，第一个把人送上月球的是美国。

40 多年前，美国宇航局发射了"阿波罗 11 号"飞船，飞船带着三名宇航员上天，到了月球轨道，一个人留在飞船里，另外两个人驾着登月舱去了月球。月球离地球 30 多万千米，如果是光来走的话，1 秒钟到了。这次登月，从火箭发射，到月球登陆，一共经过 102 小时 45 分钟。

这是人类第一次登临地球以外的星球，这件事情的伟大程度，怎么形容都不过分。就像登月第一人阿姆斯特朗的名言：这是个人的一小步，却是人类的一大步。

第一次登月之后，接下来的几年，美国宇航员又成功登陆月球五次。

去了月球，当然得带点东西回来，带回来最多的是土壤和岩石样本。有一次美国总统来中国访问，带的礼物就是几小块月球岩石碎片。别看又小又碎，那可是贵重礼物。

除了美国和苏联（现在是俄罗斯），其他国家也在探测月球，欧洲、日本、印度，包括中国，都在探测月球。欧洲的想法很有意思，他们打算把地球上的物种基因送到月球上保存起来，那样万一地球被小行星撞了，或者其他特别大的灾难灭了地球，月球上的地球物种基因还可以派上用场。

美国人去月球，是40多年前的事了。但是这个事后来遇到了质疑，还有人专门写了本书，论证说美国人从来都没上过月球，登月是一场大骗局。那些登月的录像和照片，像电影一样，是在摄影棚里做出来的。

质疑的理由列出十几条，最厉害的有两条：

1. 月球没有大气层，天空里应该有明亮的星星，为什么美国宇航局公布的照片上，天空中一颗星星都没有？是不是美国宇航局没有办法模拟出月球太空星星的位置，干脆就用了摄影棚里的黑背景？

2. 月球上没有空气，风是因为空气流动产生的。月球上没有空气，也就没有风，为什么照片中的美国国旗是飘扬的？这照片肯定是在地球上拍的。

听着这理由，真觉得登月有问题。不过呢，也有解释：

一，为什么背景没有星星？因为月球表面对太阳光的反射比较强，所以，拍照的时候曝光时间短。曝光时间太短，是不能把背景的星星拍进来的。

二，为什么国旗是飘扬的？因为那是一面塑料国旗，为了省地方，这面塑料国旗在宇宙飞船上是卷着的，卷皱了。塑料国旗皱了以后看起来就好像飘着的样子。而且宇航员插国旗的时候，铝制的旗杆有振动，带着旗子晃，月球上没有空气阻力，振动的时间会很长，看起来就跟旗子在飘扬一样。

这么一解释，好像又没问题了。那到底登月是不是真的？现在吧，绝大多数人是相信的，也有少量不信的人。

[搬去火星住]

有一部很好看的科幻电影，叫《火星任务》。讲人类在未来的某个时候，首次登陆火星。四名宇航员登陆火星之后，在火星上发现了一座神秘建筑。他们开始用雷达扫描这个不明建筑。结果，扫描居然引发了沙尘暴一样的强烈电磁波。三名宇航员不幸丧生，幸存的指挥官回到飞船上，发现飞船的电子设备已经被电磁波破坏，飞船不能飞了。

地球指挥中心知道之后，再次向火星派出四人救援小组。救援小组到了火星找到了幸存的指挥官，大家发现，那个建筑物发出的电磁波居然是人类基因密码，还缺了一个，好像等人去填似的。宇航员们填上缺的那个以后，建筑物的门打开了。

这是什么意思呢？说明这个建筑物是受严格保护的。人类的基因密码只有人类知道，其他的生物来了，他们不懂

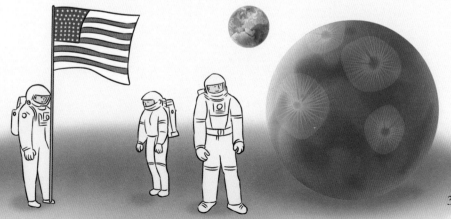

人类基因密码，就打不开建筑物。只有人类来了，才能打开这个建筑物。也就是说，这个建筑物，是专门为人类准备的。

为什么火星上会有一个专门为人类准备的建筑物呢？建筑物里是什么呢？

宇航员们进去以后，发现建筑物里保存着录像，原来几十亿年前，火星曾经遭遇小行星撞击，所有火星人都乘飞船离开了太阳系。因为留恋太阳系，所以留下一艘飞船带着火星的初级生命去了地球，形成了现在的地球人，我们都是火星生命的后代。

这是电影啦。为什么电影把场景选在火星呢？因为火星是人类除了月球之外，探测最多的星球。在太阳系的其他7大行星，离地球最近的不是火星，是金星。但人们对火星的兴趣和了解比金星多得多。

为什么？因为金星上边太热，跟地球相比，金星离太阳更近。金星周围罩着一层厚厚的大气层，比地球的大气层厚100倍。金星表面的温度400多摄氏度，到处都是喷发中的火山，还有狂风，很不适合探测，更不适合登陆。

火星离地球第二近，火星在地球外边一圈，比地球离太阳远。所以火星上冷，表面平均气温零下60多摄氏度。火星上有二氧化碳，不过火星上的二氧化碳不是气体，太冷了，被冻成固体了。火星上有没有水？有，不是水，是冰。火星的南极和北极都有冰，大量的冰。科学家说，如果这些冰都融化，能给整个火星盖上十几米深的水。

　　人类对火星最大的兴趣点，在于火星上有没有或者有没有过生命。科学家们认为，火星在几十亿年前，温度跟地球是差不多的，火星上既然有水，会不会也有生命呢？前些年，有人在地球南极发现一块火星陨石，上边好像有微生物的化石，当时在全世界引起很大震动。这块陨石能到地球可不容易，离开火星之后，在太空中漂了1000多万年，才在1万年前来到地球。

　　科学家们还有一个想法：移民火星。万一哪一天地球出问题了，比如说，太阳烧得更旺，地球变得跟金星一样热，火星的温度变成现在的地球这样，那或许人类应该搬到火星去住。不过，火星有点小，还不到地球的三分之一大，恐

怕装不下这么多人。如果是木星就好了，木星比地球大 100 多倍，但是木星可比火星更远。

移民火星现在还只是想象，别说大规模移民火星，地球人还没一个去过火星呢。美国人曾经想过，后来放弃了，因为太花钱，还无法保证一定能成功。

人没到过火星，探测器到过，向火星成功发射探测器，这个已经实现了。所以，现在关于火星的知识，基本上都不是猜的，是探测器验证了的。这些探测器从地球飞到火星，要花半年到一年的时间才能到，然后向地球发回资料和照片。再然后呢？这些探测器回不来的，只能留在火星上。

往远了说，人类不但可能移民火星，将来还会考虑离开太阳系。未来科技更发达，人类造出更快的宇宙飞船，就有可能离开太阳系。太阳不会这样一直烧下去的，再过 50 亿年，太阳就会烧光。太阳烧光之后，还有可能塌成黑洞。到那时候，对人类来说，最好的办法，就是在别的星系，找一个类似地球的地方，搬过去。

这些事情有点遥远，咱们说点不太遥远的，比如太空旅行。

想不想离开地球，到太空中转一圈？普通人要去月球、火星旅行一趟，有难度。但是离开地球，到大气层以外的太空逛逛，这个实现起来不太难。带普通人去太空的航天飞机，英国的一家公司已经在建了。等你长大，去太空旅行一定会很普及的，好好等着吧。

[相对论，你听得懂]

　　牛顿发现万有引力之后的 200 年，科学发展特别快。200 年后，当时的科学家们形成了一个现在看起来非常搞笑的观点。他们，也不光是他们，几乎所有人都认为，这个世界，该知道的人类差不多都知道了，科学的发展基本上到头了。

　　想想吧，那时候人们还不知道宇宙在膨胀，人类也没去过太空，甚至飞机还没造出来呢。

　　还好，科学家的自满情绪没保持多久，一个一个解释不了的问题又出现了。科学是怎么来的？科学是跟着问题来的。问题一个一个出现，解决办法也跟着一个一个出现，大科学家呢？就在这些解决办法里一个一个诞生啦。

　　爱因斯坦就生在这个时候。你知道的，爱因斯坦最大的贡献是相对论，今天咱们就讲相对论。

　　玩得高兴的时候，你觉得时间过得太快；等着下课出去玩的时候，你觉得时间过得太慢，是吧？你也知道这是心理作用，其实时间并没有变慢或者变快。

　　不过，真正地让时间慢点走，也是很容易的，只要你运动起来。

　　比方说，你一辈子都在坐飞机，飞到 80 岁的时候，跟一个一辈子都在地上没怎么运动的人比，你是要年轻一些的，知道你比他年轻多少不? 大概 1、2 秒钟吧。

1、2 秒太少了，没啥意思。那是因为飞机还不够快，要是能再快、再快、再快，比如快到光速的一半，那就不得了啦。你的一年等于别人的好几年，你才长了 10 岁，别人一辈子都过完啦。

如果还再快一些，达到光速的 98%，那就可以实现天上一日、地下一年了。坐这种宇宙飞船，人类要走出太阳系到达最近的恒星，只要几十年，一辈子足够啦。不过，等你回地球的时候，地球上可是上万年都过去喽，肯定没有你认识的人了，别人说的事估计你也听不懂啦。

而且，如果真要跑这么快的话，还有其他问题的。在这样的速度里，人的质量会变大，个头会变小，越接近光速

泡泡（七岁）配图

质量守恒定律

质量越大、体积越小。到了光速呢？早就不是人啦。

这是什么理论？这就是爱因斯坦的相对论。

都知道爱因斯坦智商特别高，可是他小时候看着可不怎么聪明。考大学还分数不够，多亏大学里的一个教授，看了他的试卷，觉得他有才华，只是不太擅于表现自己，收了他。

爱因斯坦在大学学的是教师课程，打算毕业了当中学教师。不过毕业之后爱因斯坦没当成教师，只是在瑞士的专利局里当了个三级小职员。

这个三级小职员居然在物理学杂志上发表了好几篇论文，其中一篇就包括早期的相对论，这可是改变世界的论文。可惜，一个专利局小职员的论文，几乎没有人关注，反响很小。

爱因斯坦想着，我也发表论文了，是不是可以申请当个大学教师呢？结果，没被批准；他又申请当中学教师，还是没被批准；他又想，那我申请从三级职员升成二级职员总可以吧？你猜怎么着？还是没被批准。

好在爱因斯坦虽然只能当小职员，他一直没有停止研究。他的相对论后来越来越完善，越来越成熟。终于在十几年之后，被整个世界关注了。那时候，爱因斯坦早已经不是专利局小职员啦，他后来获得了博士学位，实现了到大学里当教授的愿望。

不管是当时还是现在，能完全弄明白、想清楚相对论的人都非常非常少。因为相对论离常人的感受差得太远啦。刚才跟你讲的，是比较容易懂的部分，还有难懂一些的。比如，四维空间，你现在躺在床上，一动不动，过一分钟之后，在三维空间里，你一点变化都没有。但是时间过去了 1 分钟，把时间看作第四维，你已经变化了。你从 9 点 10 分躺在床上的小泡，变成了 9 点 11 分躺在床上的小泡。9 点 11 分的小泡跟 9 点 10 分的小泡是不一样的，老 1 分钟。

除了四维空间，相对论还有更难懂的部分，比如空间弯曲、时间弯曲。要想象时间变弯了，可是有难度哟。你怎么能从 9 点 10 分出发，没经过 9 点 11 分，就直接绕到了 9 点 12 呢？

[让时光倒流]

时间能不能倒着走？人能不能真的越活越小？越活越小这个事，你热情不高是吧？因为你本来就小，再小成啥也不懂的小屁孩了。我可是热情高，能变回你这么大，我要美死啦。

很多科幻电影里出现过时光隧道，有一部很酷的电影叫《终结者》，讲的就是未来的某个时候，地球被电脑控制，只剩下少量的人类跟电脑战斗。电脑为了战胜人类，派出一个机器人穿越时光隧道，回到过去，要杀死人类指挥官的妈妈，这样人类指挥官就不会诞生了。

终结者

人类决定也派一个战士回到过去，保护指挥官的妈妈。当这个战士找到指挥官妈妈的时候，你想吧，她得多奇怪，根本不敢相信，居然有来自未来的机器人要杀自己，还有来自未来的人要保护自己。

后来还是信了，还跟这个派回去的战士结了婚，生了个儿子。机器人一直在追杀他们，在一次跟机器人搏斗的时候，派回去的战士杀死了机器人，自己也牺牲了。小男孩和他妈妈活了下来，后来小男孩长大，成了跟电脑战斗的人类指挥官。原来，派回去的战士，就是他爸爸。

电影好办，说有时光隧道就有时光隧道。现实世界里有没有可能回到过去呢？按照爱因斯坦的相对论，理论上，如果人的速度能超过光速，就能够实现时光倒流，人就能回到过去。但是想通过这种办法回到过去，问题很大。因为速度超过光速的话，人会变成负质量。世界上不是有很多很多的物质嘛，负质量就成反物质了。那太可怕啦，反物质一旦碰到物质，"滋溜"一下，啥也没啦。

关于时光倒流的事，霍金有一个说法，很有意思。霍金说，咱们现在习惯了先开花后结果、先年轻后变老，是因为宇宙在膨胀。等宇宙膨胀到头，开始收缩，在宇宙收缩的过程中，现在经过的事情，都会重来一遍。不过那一次，是先结果后开花、从老变年轻。更有意思的是，那时候的咱们说不定还奇怪呢，难道曾经有一个世界，是先开花后结果、

先年轻后变老的吗？

这种说法，即使真能实现，也得等到宇宙开始收缩，至少几百亿年以后，太遥远啦。

还有没有其他可能？有。

想象一只蚂蚁在一张巨大的纸上爬，一张永远爬不出去的大纸。对于这只蚂蚁来说，世界就是这张纸，一个大大的平面。但是，如果这只蚂蚁流一滴口水，把纸弄破，它从破了的洞里钻到另外一面。天哪，对它来说，一个新世界打开啦。

宇宙中有没有这样的洞，能够让人从一个时空跳到另外一个时空？科学家们设想有，他们给这种洞起名叫虫洞。

虫洞没人见到过，还只是设想。就像黑洞，不过黑洞已经被间接证明了，虫洞还没有，仅仅是设想。

怎么证明虫洞存在，这个不是咱俩的任务。咱俩先想想有了虫洞，会有多好玩吧。

虫洞可以实现快速移动，比如，这一会儿你还在地球上，如果进了虫洞，"刷"地一下，等你出来的时候，你已经在有外星人的那个 200 光年远的星球上了。星际旅行，有了虫洞，简单多啦。

除了瞬间移动，虫洞还能做另外一件事：回到过去。钻进虫洞，你就有可能"刷"地一下回到 2003 年。坏了，2003 年你才 1 岁，跟你说什么你也听不懂，怎么让你回来

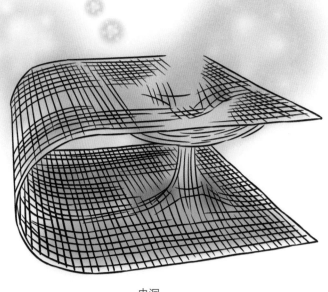

虫洞

啊？

还有更玄妙的呢，如果一个人回到过去，不小心把她外婆杀了。他外婆还没有生下他妈妈就去世了，那他又从何而来呢？这不矛盾了吗？或者，这个人回到牛顿那时候，跟牛顿成为好朋友，天天带着牛顿出去玩，让他没时间发现万有引力，那后面几百年的科学发展可就全都不一样了。

这个事情，科学家们是这样解释的。如果一个人回到过去，改变了一些事情，那宇宙就进入了另外一个宇宙，那个宇宙跟现在的这个是同时存在的。区别只在于，你去了哪个宇宙。

或许，本来就有很多个宇宙存在着。你明天去上学是一个宇宙，即使你明天真去上了学，你没去上学的那个宇宙也是存在的。但你只能存在于其中一个，永远也到不了另外一个。

牛顿的事，你也不用担心。如果牛顿只顾得玩，没有发现万有引力，即便晚一些，也会有另外一个人发现万有引力，宇宙往前走的方向，不会变的。

[原子：个头小，能量大]

前几天一直讲科学家，今天换个人，哈哈，从你开始讲。

你是由什么组成的？骨头、肌肉。不，比骨头肌肉更小更小的东西。

是原子。

原子你是看不见的，太小太小啦。有多小？一个人身上有几十亿个原子。

原子那么小，是不是一个很密的小球？不是，原子里

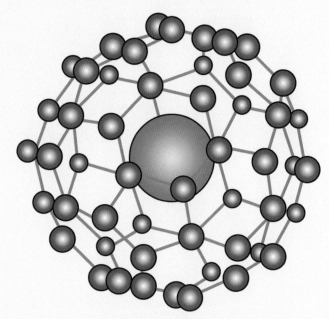

原子是最小的结构吗？

头空着呢。原子最里头有个非常非常小的原子核，外面是一些电子在疯狂地转啊转啊。原子里头有多空？如果把原子比作北京，那原子核就是天安门广场上一块地砖，而且整个北京的质量几乎都集中在这块地砖上。外边转着的电子太轻，几乎可以忽略。

世界上只有一种原子吗？不，世界上有 100 多种原子，原子跟原子的区别在于里头那个原子核的大小，和外面电子的数量。

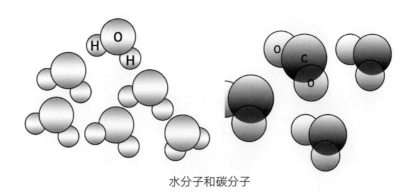

水分子和碳分子

铁是铁原子构成的，铜是铜原子构成的，水呢？两个氢原子和一个氧原子组合成一个水分子，很多个水分子在一起就是水；一个碳原子加两个氧原子的组合是二氧化碳分子，二氧化碳分子在一起是二氧化碳。

这样比喻一下更容易理解：原子就像咱们用的汉字，写文章的时候，有的字可以单独用，有的字需要跟别的字组成词，也就是分子。常用的汉字就那么几千个，排列组合的方法不一样，就能写出无数篇文章，无数本书。

100 多种原子，以不一样的方式组合起来，形成了世界上亿万种不一样的物质。

人身上什么原子多？碳原子、氢原子、氧原子，其中氢原子和氧原子是组合成水分子在人身上存在的。

原子能活多久？比人的寿命可长多啦，至少跟宇宙的寿命差不多。一棵树没了，当初组成它的原子都还在的，这些原子分解了以后，又去组合别的东西了；一块石头没了，当初组成它的原子既没死，也没少，又去组合别的东西了。

一个人身上的原子，有没有可能来自过去的一棵树？有可能，也有可能来自当年的恐龙，甚至还有可能来自某个过去的名人，说不定你身上就有牛顿的原子呢。

原子虽然小，可别小看它，原子里边有巨大的能量。如果用东西撞击一个大个的原子核，让它分裂成两个小原子核，这叫核裂变。原子弹怎么来的？核裂变来的，那能量可大啦。

如果是两个小的原子核，在高温之下，聚成一个原子核，叫核聚变，核聚变释放的能量也大。太阳能够长期发光发热，并不是它在燃烧。太阳如果像块煤一样，靠燃烧发热，早就烧没了。太阳持续发热，是因为太阳上有原子核在高温下不断发生核聚变，核聚变的同时释放能量。

发现原子，是科学上的一大成就，但是原子也给科学带来了难题。科学家们发现，在原子这个级别的小世界里，牛顿的力学、爱因斯坦的相对论，都不灵了。原子里边有原子核和电子，原子核里边还有质子和中子，质子和中子里边还有更小的夸克。这些小粒子运动的规律，完全不符合牛顿力学和爱因斯坦相对论。

这个事让科学家们很烦，科学最讨厌的，就是解释不了的事情。科学家们不服气，经过好几拨人努力，终于总结出量子力学。

量子力学比相对论要更难懂哎，想不想知道什么是量子力学？我试着讲讲吧。

量子力学是解释小粒子的。量子力学认为，小粒子的运动，不像咱们看得见的物体，是整个地运动，而是一束一

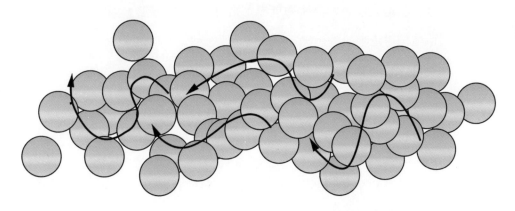

像水波一样运动的粒子

53

束、一粒一粒分开的。大的东西运动，是连续的；粒子呢，是一波一波的。什么叫一波一波？你往水里扔块石头，是不是产生水波，一波一波向外？那是被扔了石头之后，水运动的方式。咱们说的话，包括所有声音，都是以声波的方式运动，一波一波往外散。

用光来解释更容易理解一些，光线照过来，看着是连续的、直线的，对吧？其实不是连续的，是非常非常小的光子，一个一个分开运动过来的。怎么运动的呢？也不是直线的，而是像水波声波一样一波一波扩散过来的。只不过这些小粒子咱们看不见，它们运动的方式咱们也看不见，咱们只看见了直着照过来的光。

一波一波振着走的小粒子，和直着走的大物体，规律当然不一样。量子力学解释不了大物体的世界，但解释小粒子世界非常完美。大物体的世界怎么办？留给牛顿力学和爱因斯坦相对论啦。

问题暂时解决了，但科学家们还是不高兴：为什么大的世界和小的世界，居然不遵守一个规律，而要用两个理论来解释呢？宇宙难道不是统一的吗？是宇宙错了，还是人的理论错了？

于是，科学家们又开始努力，又经过好几拨人，终于总结出超弦理论，超弦理论貌似可以同时解释大世界和小世界。

这个超弦理论，我可不打算给你讲。超弦理论上来就从十维空间谈起，理解起来可真不那么容易。

地球、生命

[跟地球打个招呼]

往地球外面走，人类取得了很大成绩。现在可以很轻松地去太空，人类发射的探测器跑得更远，连火星都到了。不过，关于地球内部，探测做得可不够，非常不够。

科学家们在地球上钻的最深的洞，才十几千米。地球一共有多厚？从表面到地心，6000 多千米。如果把地球比作鸡蛋，十几千米深的洞，连鸡蛋壳还没穿透呢。

实际上地球确实很像鸡蛋，也是三层。最外边的一层最薄，差不多 40 千米厚，叫地壳，有点像鸡蛋壳；中间一层又大又厚，叫地幔，像鸡蛋清；最中间的一层叫地核，算鸡蛋黄。

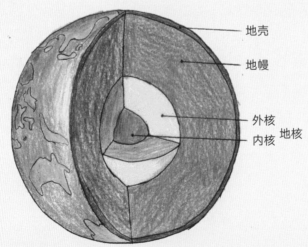

地球从里到外分为三部分 泡泡（七岁）配图

地底下很热的。从地面往下钻，每钻 1000 米，温度就上升 1~2 摄氏度。地下十几千米的地方，温度是 200 多摄氏度。这还只是地壳的部分，一旦突破地壳到了地幔，可就更热了，地幔的温度有 2000~3000 摄氏度。地核呢？6000多摄氏度。跟太阳表面温度差不多。

整个地球，简直是一个超级大火炉。如果一个人大冬天被扔在冰天雪地里，肯定很不高兴，他要知道自己其实是站在一个大火炉上，还冷成那样，应该更不高兴了。

地球咋这么热？早期的地球可没这么热。地球的形成来自太阳星云爆炸，炸出来的星际物质聚合在一起。固体聚集成内核，外面围绕着大量气体，形成了最早的地球。刚形成的地球，比现在大得多，温度也低。后来地球不断收缩，收缩的时候，内核里的东西不断发生核裂变，地球因此变得越来越热。

地幔最上层，跟地壳挨着的那部分，挺不招人喜欢的。这一层是软流层，软的，黏稠的液体，温度高达 2000~3000摄氏度的黏稠液体。在地壳比较薄的地方，这些滚烫的黏稠液体有时候会突破地壳，冒出来，就是人类看到的火山喷发。那些黏稠液体冷却了之后，就变成了火山岩。咱们讲地理的时候讲过，火山岩又叫玄武岩，地球上到处都是玄武岩，说明火山喷发在地球上曾经大量发生过。

整个地壳就在地幔的这一层软流层上。如果地壳像

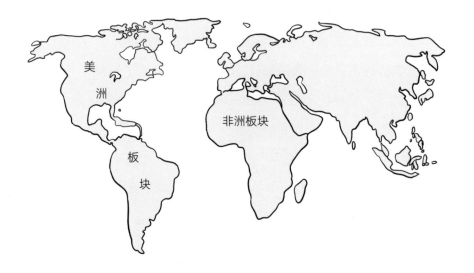

美洲板块

非洲板块

美洲板块

鸡蛋壳一样，是一整个儿的，那还好，至少比较稳当，是吧？但是，地壳不是那样的，地壳是分块的，大大小小十来块。这就惨了，本来就漂着，又分成很多块，那岂不是要晃来晃去，还要撞来撞去的？

还真是，这就是地球的板块运动。因为有这些板块运动，相互挤压，有的地方会鼓出来，有的地方会陷下去，所以地面上才有高山、峡谷，海底还有海沟。

海底跟陆地比，哪里的地壳薄？肯定海底地壳要薄啊，所以海底的火山运动和地壳活动更多，科学家测定大西洋底下的岩石年龄，比陆地上的要年轻很多，说明这些岩石是新生的，地壳正从大西洋底往上拱呢。

观察世界地图，你会发现，非洲大陆的西边和美洲大陆的东边，两边的齿纹如果对到一起，居然挺合适。像把两块掰开的饼干再拼起来。没错，这两块大陆本来就是连在一起的，谁把他们分开了？地球的板块运动。这正是地球板块运动的证明。讲地理的时候咱们还讲过，青藏高原和喜马拉雅山怎么来的？板块运动挤的。

地震怎么回事？地震也是板块运动闹的，你应该能猜到，什么地方的地震最多？是板块中心，还是板块连接的地方？对啦，板块连接的边缘，比如日本。日本地震那么多，因为它在大板块的连接处。

还好啦，地球比较大，板块也都比较大。板块运动的速度也比较慢，一年大概动 1 厘米，人类感觉不到。要是动得太快，不但每天晃悠着咱们，火山喷发和地震之类的，也要更频繁啦。

一年 1 厘米，对咱们来说很小，人活一辈子，长一点的话 100 岁，板块也就动 1 米。地球就不一样了，地球可有的是时间，如果 1 万年，就是 100 米；如果 1 亿年，就是 1000 千米。1000 千米，北京都快被挤到上海去了。

地球闲不住，爱动，一边绕着太阳转动，一边还要自转。地球自转一圈，24 小时，给了咱们有白天有黑夜的一天。如果地球只绕着太阳转，不自转，你知道最大的问题是什么吗？那地球就只有一面向着太阳，这一面永远都是白天。另外一面呢，永远都是黑夜。那多不好，两面住着都不舒服。

有个小实验，可以验证地球自转。在平的地方，放一盆水，等水面平静下来，在水面上放一个木牙签。记住牙签的位置，不要干扰它，等 8~10 个小时，再来看，牙签已经发生了转动。这不是牙签自己动的，是地球自转带的。如果你在北半球，牙签向右转，在南半球呢，牙签向左转。

[大气、海洋]

从地球表面往下挖，每挖 1 千米，咱们讲过，温度会上升 1~2 摄氏度。如果往天上飞呢？每升高 1 千米，温度会下降 5~6 摄氏度。飞机一般在 1 万米的高度飞，那个高度的气温在零下 50 摄氏度。

飞机飞的高度还在大气层的最下边一层，也是咱们生活的这一层，叫对流层。再往上飞几千米，就到平流层了。平流层比较干净，水蒸气和灰尘都很少，不像咱们在的这一

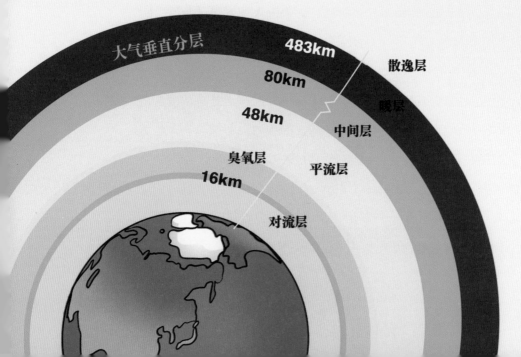

大气垂直分层

483km　散逸层
80km　暖层
48km　中间层
臭氧层　平流层
16km　对流层

层。平流层比对流层差不多厚一倍，在平流层里，气温也在零下 50 摄氏度之下，不过比较稳定，变化不大。

再往上呢，是中间层，中间层的厚度跟平流层差不多，到这一层，空气已经很少很少了，而且更冷，在零下 90 摄氏度左右。

如果还往上，是不是还要冷？不是，不但不冷，还热啦。最上边的这一层叫暖层，暖层最厚，比下边三层加起来还得厚 5～6 倍。这一层有多热？1500 摄氏度。为什么这么热？太阳照的。想一想，如果没有这一层罩着，太阳光直着照到地球上，地球得多热？所以，大气层对于地球保持比较稳定的温度，可帮了大忙。

宇宙飞船上天，最不喜欢的就是热层，出去的时候，经过暖层的时候，如果角度没调整好，出去的时候容易摩擦起火。回来的时候更让人生气，如果进入角度没调整好，暖层的气体能把宇宙飞船弹回去，让你进不来。

这其实是小事，大气层的价值，可不止帮助地球保持稳定温度这么简单。有大气层的存在，地球上才有浓度合适的空气，有大气层的存在，地球上的水才没有被蒸干。也就是说，没有大气层，地球上可就没空气没水啦，人类怎么活？

大气层还有一个作用，帮助地球抵挡陨石进攻。陨石撞地球的时候，会被大气层强烈摩擦，速度减缓，撞地球的力量比没有大气层要小得多，一些小的陨石，干脆就在大气层里燃烧掉，到不了地球了。

对流层里的水蒸气从哪来？大海里。水从大海里蒸发到天上，积攒多了，变成雨雪冰雹落下来，落到海里的，将来再跟着蒸发；落到大陆上的，如果没被吸收，又顺着江河流回大海。然后再蒸发，再落下。大海和大气的参与，制造了地球上的水循环。

地球表面，海水面积占 70%，海水的平均深度是 3 千米，最深的地方 1 万多米，这么大这么深的大海，得存多少水啊？

有一个问题，这么多的海水，哪儿来的？

我的回答会让你失望，答案是不知道。还没有哪个科学家搞明白，海洋里的水哪来的。说法有很多种。有的说，地球开始的时候特别热，内部核裂变产生水蒸气，水蒸气到空中变成雨，落到地面上，久而久之，形成了海洋。也有的说，地球上的水来自于彗星，彗星不都是冰吗？在地球历史上，大量的冰彗星进入地球大气层，落到地球上融化，经过数亿年，或者更长的时间，地球表面就有了非常多的水，形成今天的海洋。

也有人认为，地球在形成的时候，就是带着水的，这水来自当初发生爆炸的太阳星云。到目前为止，这些还都只是猜测而已，没有形成统一看法。

海洋里存着地球上 97% 的水。占地球面积 30% 的陆地呢？只存着 3% 的水。这 3% 的水，还主要存在南极的大冰盖里。不过，也别小看这 3% 的水，3% 也是很大的量。

担心地球暖化的科学家们曾经警告世人，如果南极的大冰盖因为地球温度升高而全部融化，这些水流到海里以后，会使海平面上升 100 米。这个真不是瞎说，可以算出来的。海水的平均深度是多少？3 千米。陆地上的水占总量的 3%，海水是 97%，那陆地上的水跟海水比，是海水的多少？差不多 1/30，对吧？3 千米的 1/30 是多少？刚好 100 米。

人类往地下挖洞，最深挖到十几千米，人类往海水里去过多深呢？1 万多米。1 万多米也是海洋最深的地方，在太平洋的马里亚纳海沟。

可惜，下去的人，只能待在一个密闭的笼子里。1 万米深的海底，没有光线，几乎是全黑的，下去的人，看不清什么，更别提抓点什么东西上来了。所以，这种海底探测，实际效果很一般，后来也就没人这么做了。

海洋是一个非常非常庞大的生物库，有几十万种生物。而且，最有意思的是，从海平面到 1 万多米最深的地方，居然每一层都有生物。要知道，越往下，海水压力越大。一般的潜艇，钢铁做的，下到 1 千米以上都有些危险了，有可能被海水的压力压爆。可这些生物居然比钢铁做的潜艇还厉害。

生物们为什么对海洋这么适应呢？这是因为：地球上所有的生命都来自海洋，植物啊、动物啊，包括人，最早最早的时候都是海洋生物。生命跟海洋的关系，接下来还会给你讲。

[要活着，得有碳]

讲原子的时候，咱们说过，地球上有 100 多种原子。如果让我选这 100 多种原子哪一种最重要，我会选：碳。

所有的生物，动物、植物、人，不管它有多大，或者多小，身上都得有碳原子。

如果把 100 多种原子比喻成一个大班级的话，碳是这个班里最好打交道的同学。在所有的原子里，碳原子最容易跟其他原子结合，生成新的物质。为什么世界上有几百万种不同的动植物？原因在于碳的灵活，它可以用各种各样的方式跟其他原子结合。

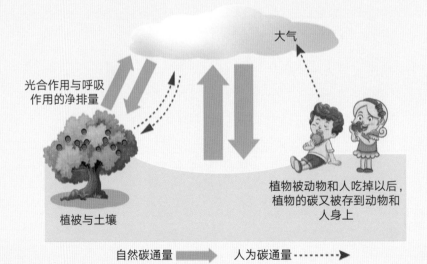

大气

光合作用与呼吸作用的净排量

植被与土壤

植物被动物和人吃掉以后，植物的碳又被存到动物和人身上

自然碳通量 ➡ 人为碳通量 ┈┈▶

碳在地球上是可以被循环使用的，植物从水里和空气里吸收二氧化碳，把二氧化碳里的碳存在自己身上。植物被动物和人吃掉以后，植物的碳，又转移到动物和人身上。动物和人喘气的时候，从空气中吸收氧气，然后排出二氧化碳，碳又回到了空气里。

这些碳在植物、动物体内和空气中都不是以纯粹的碳的样子出现的，都结合了其他原子。最纯粹的碳什么样？看看煤就知道了，煤是最纯粹的碳。还好碳在我们身上没有以最纯粹的样子出现，不然，每个人身上都有几块煤，多丑啊。

煤是怎么来的？咱们在地理里讲过，是植物死了以后，被压在地下，压出来的。植物被压的时候，其他原子跑了，只剩下碳，这些聚在一起成了煤。

人类把煤从地下挖出来，燃烧它以获取能量。煤在燃烧的时候，里面的碳又变成二氧化碳回到空气里去啦。

最纯粹的碳，除了煤的样子之外，还有两种形式，一种是石墨。碳在地下经历了超高温的环境，会变成石墨，石墨你天天都在用，铅笔芯，是石墨和黏土混合成的。软的铅笔芯里，石墨多一些；硬的呢，黏土多一些。煤很容易被烧着吧，石墨相反，特别耐热，不容易烧着。想烧着一根铅笔芯？非常非常难的。

如果碳在地下经历了高温，又被高强度地挤压，它还会变成另一种形态，变成金刚石。金刚石这名字你听着陌生，金刚石经过打磨你就不陌生了，它叫钻石。

煤很脆，石墨很软，它们的这个钻石大哥可不一样，钻石是世界上最硬的物质。钻石的反光度也好，打磨好的钻石晶莹闪亮，好看着呢，而且，超级昂贵。

钻石得到地下去采，哪里的钻石矿最多？非洲。世界上最大的钻石就产自非洲，南非的一个矿。这里挖出过拳头大的一块金刚石，后来磨成四块钻石，全都送给了英国女王。最大的镶在女王的权杖上，其他三个镶在了女王的王冠上。

还回来说碳，这些年有一个词特别热门：碳排放。知道什么是碳排放不？这里的碳，说的是二氧化碳，人类排放的二氧化碳。空气中必须有二氧化碳，不然植物就没法活了。但科学家们认为，空气中的二氧化碳如果太多的话，地球温度会不断升高，地球变暖会带来很多严重的环境问题。

　　使用能源会大量产生二氧化碳。因为人类使用的能源越来越多，空气里的二氧化碳，最近几百年增长了 30%。如果二氧化碳增长太快，全球变暖的后果就会越来越严重。科学家们很担心，所以呼吁人们少用能源，减少碳排放，过低碳生活。

　　联合国也在讨论低碳的事，打算给各个国家规定碳排放的限额。每个国家都有定量，只能少排，不能多排，非要多排的话，先跟没用完限额的国家买去。还有人建议，干脆给每个人的碳排放都定量，谁要多用能源、多排放的话，先跟没用完的人买。

[生命离不开细胞]

生命是由细胞组成的。那你该问了，不是说所有物质都是原子组成的吗？怎么又冒出来一个细胞？

是这样的，原子先组成细胞，细胞再构成生命。细胞比原子大多了，一个人体内大概有几十万亿个细胞，听起来这细胞够小的。但一个细胞里面的原子，可比几十万亿多多了。

不管有多少个原子、多少种原子，随便放在一起，是成不了生命的。必须是不同的原子，按照特别特别精密的方式排列在一起，才能构成细胞。细胞呢，再按照特别精密的方式排在一起，才能组成一个人。

原子是死的，组成了细胞之后，那就不一样了，细胞是活的。细胞可以运动、可以吸收营养、可以繁殖，自己再制造新细胞。

细胞长什么样？在显微镜下，细胞是可以看得见的。

咱们之前说，地球像鸡蛋，细胞比地球还像鸡蛋。为什么这么说呢？地球几层？三层。仔细看过鸡蛋的话，你会发现，鸡蛋是分四层的，不是三层，在鸡蛋壳和鸡蛋白之间，还有一层薄薄的膜。

细胞也是四层，最外边的一层是细胞壁，支持和保护

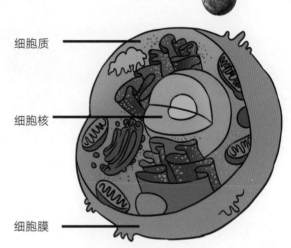

细胞质

细胞核

细胞膜

细胞的结构

细胞。里边贴着细胞壁也有一层膜，叫细胞膜，细胞膜起过滤作用，好东西可以进来不能出去，差的东西可以出去不能进来。

再往里的一层比较厚，叫细胞质，好比鸡蛋里的鸡蛋清，样子也跟鸡蛋清一样，是黏稠透明的液体，细胞质储存细胞的主要营养。最里边一层是细胞核，圆的，比细胞质更黏稠一些，像是鸡蛋黄。

细胞核非常重要，它是细胞的身份。细胞核之所以重要，是因为它里边有个叫 DNA 的东西，DNA 是英文简称，不过中文名还没这个英文简称好记，中文名是脱氧核糖核酸。不管难记还是好记，这个东西实在是太重要，太需要记住了。

不同生物的细胞不一样。不同生物的细胞为什么不一样？人身上为什么长不出植物细胞，植物身上为什么长不出动物细胞？因为它们的 DNA 不同，DNA 决定了细胞怎么构成，怎么生长，怎么分裂繁殖。

　　为什么都是人，但每一个人又有不同点？也是因为DNA。人的DNA绝大多数地方是一致的，但总有不一样的地方，所以每个人都有所不同。世界上那么多的人，难道就没有DNA相同的？放心吧，永远永远都不会，DNA有太多种排列方式，多到比宇宙中的星球数量还要多无数倍。任何两个人，拥有相同DNA的可能性是根本没有的。

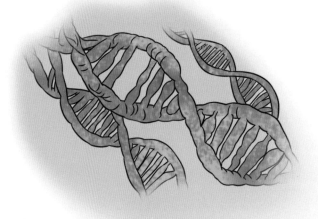

　　DNA是一长条，其中有一部分专门用来控制遗传，这一部分叫基因。每一个人，他的DNA都有跟他的父母相同的一些DNA遗传信息。检查DNA的这些遗传信息，可以判断一个小孩是不是他父母亲生的。为什么有的人会有遗传病？因为这个病已经包含在DNA上，被他的父母遗传给了他。

还接着说细胞。不同的细胞，寿命是不一样的，人身上的细胞，平均寿命是几天，肝脏细胞活的长一点，有500天，血液里的白细胞有的只能活几个小时。人身上活得最长的是脑子里的神经细胞，能活几十年，跟人的寿命差不多。这脑细胞，活得长，但长的也慢，死一个少一个。所以，最不能死的，就是脑细胞。

细胞里，一半是水。除去水，剩下的有一大半是咱们讲过的碳，碳在细胞里以蛋白质的形式存在。

一般人夸什么东西有营养，经常说，这东西好，高蛋白。高蛋白就是蛋白质含量高的意思，为什么要吃蛋白质含量高的东西呢？因为蛋白质是人体细胞里非常非常重要的组成部分，没有蛋白质，细胞不能生长。一个人要是不长细胞，那可完蛋啦。

刚才说，细胞可以繁殖，自己再制造新细胞，细胞怎么繁殖呢？靠分裂，一个分裂成两个，两个再分类成四个。分裂出来的新细胞跟原来的细胞是一样的，尤其是细胞核里那个DNA，一点差别都没有。一堆活细胞聚在一起是细胞组织，人的肝来源于肝细胞组织，肺是肺细胞组织，这些组织再合起来就是一个活生生的人啦。

人身上有几十万亿个细胞，有没有细胞数量比较少的生物呢？有，少到什么程度，少到只有一个。这样的生物叫

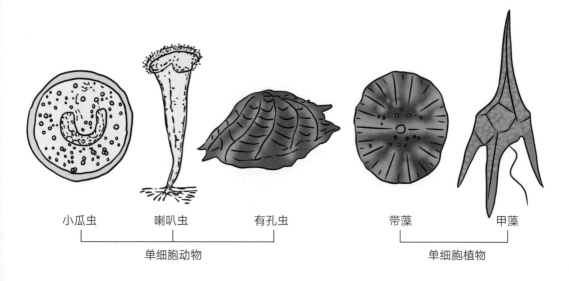

小瓜虫　　　喇叭虫　　　有孔虫　　　　带藻　　　甲藻

单细胞动物　　　　　　　　　　　　单细胞植物

单细胞生物。单细胞生物最简单，所以是最低等、最原始的生物，一般在水里混着，个头很小，肉眼看不见。单细胞生物虽然原始，也能通过一个细胞完成营养、呼吸、排泄、繁殖，然后一代一代地活下来。单细胞生物的寿命一般也短，像草履虫，也就能活二十几个小时，草履虫有一点特别有意思，它只有一个口，吃和拉都用这一个口。你觉得恶心是吧？它可不觉得，它那么简单，哪知道啥叫"恶心"啊。

世界上还是有一种活的东西没有细胞，而且它是一种令人非常讨厌的东西，它的名字叫病毒。咱们这儿说的不是计算机病毒，是活的病毒。感冒怎么来的？感染了病毒；为什么拉肚子？吃进了病毒。实际上，大多数疾病都跟病毒有关。

病毒超级小，比细胞小，它要依附在活的细胞内生活，在细胞里生活、繁殖。就是说，它在你身上，吃你喝你，还

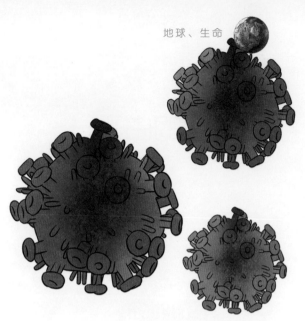

令人恐惧的病毒

要让你生病。

　　所有的生物都是由细胞构成的，为什么会有依附别的细胞生长的病毒？病毒从哪里来，这事科学家们还没弄清楚。虽然没弄明白病毒从哪来，但科学家们还是想了不少办法打击它，让它少制造疾病。最有意思的是，科学家们正在研究用病毒对付病毒，因为他们发现，居然病毒也会被其他病毒感染、生病。病毒杀病毒，听起来真不错。

[生命的由来]

为什么大家都说生命是一个奇迹?

因为组成生命的原子一点也不特殊,在自然界里很容易找到。但是,有的原子聚在一起只是泥巴、石头,有的原子聚在一起就能组成生命。泥巴、石头是死的;而生命呢?能够不断成长、繁殖,一代一代生存。

你是不是要问,最早的生命是怎么形成的呢?

唉,我又被问住了。第几次了?我自己记着呢,讲《万物简史》以来,这是第三次被问住了。第一次,宇宙是怎么诞生的?第二次,地球上的水从哪里来?这些问题,我跟你一样,也等着科学家的答案呢。

生命的诞生,有人认为是海水受到某种刺激以后,比如闪电、海底火山喷发,自发形成的;还有人则认为地球上的生命来自外星,比如陨石带来的,陨石上的微生物在地球上慢慢进化,形成现在所有的生命,还有人说地球上的生命是外星人故意送来的,试试能不能在地球上生长。这种说法很有意思,如果外星人扔一些生命到地球上就能进化成人,等什么时候火星上的冰融化成水,人类也可以考虑往火星送一些地球微生物,等上几十亿年,看看这些微生物能不能变成火星人。

可以肯定的是，最早的生命不管从哪来，一开始一定是生活在大海里，而且，是一种非常非常简单的生命。简单到什么程度？咱们不是讲过单细胞生物嘛？最早的生命，比单细胞生物还简单。都已经是单细胞了，怎么还能更简单呢？

能。最早的生物也是一个细胞，但这个细胞里没有细胞核。咱们讲过，细胞核代表着细胞的身份，也像是控制细胞生长、繁殖的大脑。无核细胞等于一个人连大脑都还没形成呢。

这种简单得要命，连大脑都没形成的单细胞生物，在地球上出现了以后，还不着急进化，它在地球上慢慢悠悠生活了十几亿年。十几亿年以后，才进化成有核的单细胞生物。

有核的单细胞生物也不着急，它也慢慢悠悠地生活了十几亿年，才进化成了多细胞生物。三叶虫是比较典型的早期多细胞生物，很多生物学家喜欢收藏三叶虫化石，因为三叶虫后来灭绝了，能够找到的三叶虫化石都是 2 亿年前的，收藏几个 2 亿年前的东西确实很有意思。

从多细胞动物出现，到现在还有多远呢？还有不到 10亿年。

晃晃悠悠，又过去几亿年。差不多 5 亿年前，科学家们命名为寒武纪的那个时代，很奇怪，太奇怪了，生物们

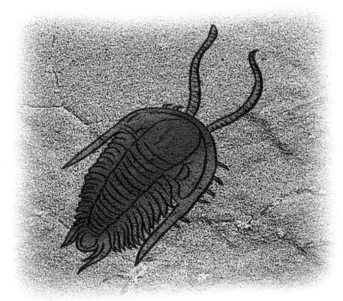

三叶虫化石

突然着急啦，加快了进化速度，各种各样的生物突然一起出现了。说各种各样，一点都不夸张，后来世界上所有动物的几十个大类，那时候都有了。甚至还有十几种只在那个时期有。

说奇怪，是因为寒武纪的生命大爆发，既突然又不知道原因，到现在也没有人知道为什么在寒武纪会有生命大爆发。

寒武纪大爆发的证据，咱们在地理里讲过，中国云南澄江就有。云南澄江的帽天山看起来只是一个小山包，但这个小山包保存了大量十分珍稀的远古海洋生命化石。要知道，远古动物都是软体动物，要以化石的形式保存下来可不

在中国发现的"云南虫"化石

容易，需要非常特殊的条件和机会。包括澄江在内，全世界现在只有大概三个地方发现了如此集中的寒武纪生命爆发证据，另外两个分别在加拿大和澳大利亚。哪儿的最丰富、最好？云南澄江的。

在云南澄江发现了100多种以前没有的动物化石，其中一种叫"云南虫"的动物，是目前已知最早的脊索动物，所有的爬行动物、哺乳动物都属于脊索类，包括人类。千万别小看"云南虫"，这个几厘米长的云南虫居然就是包括人类在内所有脊索动物的祖先。

生命大爆发是在大海里发生的。5亿年前的陆地还是死气沉沉，没有生命。1亿年以后，植物首先在陆地上出现，然后，一些勇敢的动物也从海里来到了陆地上。这些动物为什么这么勇敢，要离开熟悉的海洋去闯荡陌生的陆地？有的时候，勇敢可能是逼出来的。那时候的海洋大概发生了什么变化，比如陨石撞击、海底火山喷发使海水过热，或者海洋面积缩小导致食物减少，或者出现了天敌。结果，把这些生物逼到了岸上。

又过了 2 亿年，植物们把陆地变成了繁茂的森林，科学家们研究发现，那时候的植物长得快，因为那会的地球温度比现在高。植物长得快，动物有得吃，长得也快。早期上岸的小生物，有一些在这时候进化成了庞然大物，你很熟悉的那种，对，恐龙。

恐龙能够出现，可能跟 2 亿年前地球上发生的一次生物大灭绝有关。现在还不知道地球上当时发生了什么事情，但一定是个大事，因为 90% 的生物都在那一次事情中

90% 的恐龙在 2 亿年前灭绝了

灭绝了，包括刚才讲过的三叶虫。这次大灭绝之后，恐龙出现了。

接下来的 1 亿多年里，无论个头还是数量，恐龙都是陆地上的老大，恐龙的种类也越来越多、越来越牛，几乎没有竞争者。恐龙年代，老虎、狮子、大象这些动物都是没有的，这些是哺乳动物，人也是。哺乳动物和恐龙的最大区别，在于哺乳动物是生下孩子以后靠喂奶养大孩子的，恐龙不是，恐龙跟鸡一样，先下蛋，然后从蛋里把孩子孵出来。

6000 多万年前，你知道的，恐龙也经历了灭绝。这次灭绝很惨，从后来发现的恐龙化石看，这是一次突然发生的灭绝，相当多没有来得及孵化的恐龙蛋变成了化石。科学家们认为一定有小行星撞了地球，导致地球灾难，恐龙跟着灭绝。

恐龙灭绝真让人失望，是吧？再也见不到活的恐龙了。不过，就像上一次生物灭绝之后恐龙的出现一样，在恐龙灭亡之后，这一次，哺乳动物也大量的出现了，人类就是从这一次出现的哺乳动物中进化来的。所以，如果人类必须在恐龙灭绝之后才能出现，那恐龙灭绝就没什么好遗憾的了。

[达尔文说，
人是猴子变的]

如果某天早上有个人跟你说，别看你现在是个小孩，其实昨天晚上你还是一条蛇呢，昨天夜里才刚变成人的。你信吗？

肯定不信，而且还会有点生气，对吧。

100 多年前，达尔文出版他那本书以后，知道这本书内容的人，比你更生气，简直是大怒。

达尔文提出了进化论

达尔文的那本书叫《物种起源》，这本书后来几乎被认为是人类有史以来出版的最重要的书。但当时的人可不这么想。这本书里说，各种动物、人都是从低等动物进化来的，这个观点人们不能接受，觉得达尔文侮辱了他们，更让他们觉得生气的是，达尔文还侮辱了上帝。所有动物、植物、包括人明明都是上帝制造的，怎么可能是从低等动物进化来的？

达尔文也觉得冒犯别人很不舒服，尤其是对他妻子。达尔文的妻子对他很好，但她是一个很虔诚地信仰上帝的人。她也很难接受人从猴子变来的理论。

虽然达尔文觉得很不舒服，但他对自己的理论还是很坚持。因为这理论不是他突发奇想得来的，而是他研究了很多年的成果。

达尔文的爷爷和爸爸都是医生，开始，他老爸送他去学医，想让他将来也当医生，他不爱学。他的兴趣在于逮个虫、抓个鸟啊什么的，他老爸觉得这个太丢人了，非常担心。后来又送他去学神学，达尔文勉强学完了。学完神学可以当牧师，但达尔文对当牧师的热情，远不如对田野里的动物、植物那么高，达尔文并不是贪玩，他是在研究动物、植物。

后来达尔文认识了几位有名的动植物学家，然后获得了一次难得的机会：以植物学家的身份，跟随一艘船做环球考察，这一趟历时五年。这艘船从英国出发，经过太平洋、大西洋、印度洋，去了南美洲、大洋洲、非洲。这一趟让达尔文见识了无数各种各样的动物、植物，还带回来相当多的标本和化石。

回来以后，一边整理这些标本和化石，达尔文一边做着动植物的研究。慢慢地，他开始形成一个观点，他从自己的研究中发现，动物和植物的物种，不是像当时人们所认为的那样一成不变，而是在不断地发生进化。怎么进化呢？就是把前辈的东西保留一部分，再改变一部分。保留的部分，叫遗传，改变的部分叫变异。

比如，人的孩子。都跟父母一样，有头、有手、有脚、有大脑，这是遗传。

但是，没有哪个孩子，跟他的父母亲完全相同，身高、体重、长相上，总是或多或少地存在着差异。这叫变异。

所有的动物、植物都一样，都有这种遗传变异。

那么哪些东西会遗传，哪些部分又会变异呢？达尔文说，这是通过自然选择进行的。自然选择又是怎么选择呢？其实也简单：优秀的留下来，低劣的被淘汰。

比如，树林里有一群猴子，如果树林里出现了食物短缺，不够所有的猴子吃。那会怎么样？就会有一部分猴子饿死，一部分猴子活下来。哪些能活下来？要么身体强壮、要么在找食物方面比其他猴子更有本事。活下来的猴子一定有优秀的地方。他把这些优秀的地方遗传给它的孩子，优秀的东西就保留下来啦。

这样子的遗传变异，如果放到一个特别特别长的时间里，反复不断地发生，区别就会越来越大，就会产生新的物种或者物种上的差异。我引用一段达尔文《物种起源》里的原话给你听。

"人的手、蝙蝠的翅膀、海豚的鳍和马的蹄子都由相同的骨骼结构所组成。长颈鹿的脖子和大象的颈都由相同数目的脊椎所组成，以及大量诸如此类的事实，都可用生物遗传变异理论来解释。蝙蝠的翅膀和腿，螃蟹的颚和脚，以及花的花瓣、雄蕊和雌蕊等虽然其用途各不相同，但它们的结构是相似的。这些器官和身体的某一构造在各个纲的早期祖先中原本是相类似的。但随后逐渐发生了变异。"

实际上，达尔文在《物种起源》这本书里，并没有讲人是由猴子变来的。单单遗传变异的说法已经让当时的人们那么生气，如果达尔文敢在那时候说人是猴子变的，那些人还不得吃了他？

达尔文很谨慎的，《物种起源》这本书写出来之后，在柜子里放了 17 年，达尔文才发表它，还是引起轩然大波。又过了 12 年，已经有越来越多的证据支持《物种起源》里遗传变异的观点，达尔文才发表了《人的由来》这本书，这本书明确地提到人和猿的亲缘关系。这个结论比遗传变异的观点更大胆啦，不过，还好，毕竟大家知道的越来越多，所以这次引起的争论，不像上次那么强烈。

泡泡（七岁）配图

　　达尔文认为，几百万年前，非洲生活着一批古猿猴，它们是哺乳动物，有四只脚，生活在森林里、大树上。后来气候发生了变化，天气变得冷起来，森林大面积消失，被大片草原取代。这批古猿猴只好来到草原生活，在草原上生活不用再爬树了嘛，它们慢慢开始用后肢走路，用前肢捕食和防卫；慢慢地学会直着走路，开始拥有比较灵巧的双手。

　　这些古猿猴又是由什么变来的呢？你知道的，恐龙年代，地球上的哺乳动物还不占据主要的生态地位。比较完整的顺序应该是这样的，最早的有脊索的云南虫，是具有后期哺乳动物特征的最早祖先，云南虫经过至少1亿年以上的遗传变异，成了某种在水里和陆地上都能生活的两栖动物。这种两栖动物经过长时间进化，变成某种古老的有袋类动物，再后来进化成为古猿。

　　就现在说，承认自己是猴子变的，已经没谁觉得丢人啦。再往前，人类不过是几厘米长的云南虫呢。云南虫再往前，到40亿年前的地球，那种单细胞，连细胞核都没有的超级原始生命，才是人类最正宗最古老的祖先。

[走出非洲]

　　如果哪一年夏天太热，或者冬天太冷，人们会抱怨天气反常。其实啊，人该知足的，对人类来说，最近这 1 万年的天气，是地球史上非常难得的一段好天气。

　　1 万多年前，地球冷着呢。冻在冰川里的水比现在多得多，海平面大幅下降。夹在北美洲和亚洲大陆之间的白令海峡原来波涛汹涌，那会居然没水啦，以至于一部分亚洲人决

定越过海峡，到美洲大陆去闯一闯。他们成为美洲大陆的第一批现代人，包括印第安人在内的美洲土著居民都是他们的后代。

如果再往前 1 万年，到距离现在 2 万年的时候，气候更冷。地球上的冰川，居然把欧洲、亚洲、北美洲的大部分都盖在冰下，这些地方，现在住着好几十亿人呢。那个时候，可以肯定，1 个人都没有。

如果更早一些，去到恐龙灭绝前的那段时间，哎呀，要热死人的。对恐龙来说，热一点才更好，气温高，植物长得茂盛，食草的动物才有得吃。食草的小动物长得好，食肉的恐龙才有得吃。不管是食草的恐龙，还是食肉的恐龙，那么大的个头，必须保证大量的食物供应才可以。

地球上的气温从来都不是恒定的，不但不恒定，变化还很大。最冷的时候，冰川几乎到了赤道，那真可怕，如果最热的赤道被完全盖上了冰，其他地方更不用说，陆地生物就完全没地可去啦。热的时候当然也有，最热的时候，南极洲那里是没有冰的，南极洲上郁郁葱葱，长满了植物。

地球为什么忽冷忽热呢？有科学家说，这跟地球绕太阳运行的轨道有关，这个轨道有时候会有小范围的变化，虽然是小范围的变化，但会带来地球温度的巨大波动。也有人说，没那么简单，温度变化跟太阳系在银河系的运行周期有关。天哪，如果是地球轨道变化还比较好研究，如果是太阳系运行的问题，现在的科技水平还研究不了呢。

现在也是在一个大冰川期内，为什么没那么冷啊？因为咱们恰好处于这个大冰川期中间的一个比较温暖的小间冰期。从最近几十万年的规律看，这种小间冰期的长度一般在 1 万年左右。我们所经历的这个已经够 1 万年了。按照规律，接下来一个更冷的冰川期恐怕要来了。你别害怕，1 万年是个大周期，几十年、几百年的时间里恐怕还看不出来，也不会一下子变冷。别看现在人们都在担忧全球变暖，要是冰川期来了，又该盼着地球变暖了。

我们在上一章里讲，非洲的猿猴失去了森林，到草原上生活。它们为什么失去森林？最有可能的原因是一次冰川期的到来，气温变低，森林大面积消失，变成草原，逼得猿猴们只能去适应草原生活。

在适应草原生活的时候，一定有一大批没有活下来，这就是达尔文说的自然选择，适者生存。活下来的这些，有一部分慢慢学会了直立行走，再接着学会了用脑子，做工具，成了早期的原始人。

早期原始人生活的漫长日子里，一定又遇到了很多次天气变化。某一次，或许是冰川期结束，天气转暖，暖得有点过了，导致草原消失，森林又大面积回来。但是，已经适应草原生活，学会直立行走的原始人，不愿意回到森林里当猿猴。他们选择了往北走，向凉快的地方去。有的人走得远

了一些，出了非洲，到了欧洲。还有一些走得更远，来到了亚洲。

这件事发生在 200 多万年，是人类第一次走出非洲。

离开非洲的这一批人，在欧洲和亚洲的生活并非一帆风顺。他们还是不断地遇到地球变冷和变热的时候。不过，他们的一部分还是坚强地熬了下来，直到几万年前，第二批比他们智商更高的现代人，又因为气候的变化再次走出非

洲，在亚洲和他们遭遇。

这一次，第一批人很惨，咱们在第一篇里讲过，他们可能被第二批人给灭了。我们没资格谴责第二批人，因为我们正是第二批人的后代，没有他们就没有现在的我们。

第二次走出非洲之后的几万年里，因为所处地域的不同，气候、环境不一样，人类又分别进化成不同的人种，如黄种人、白种人、黑种人、棕色人种等。

刚才讲的这些，是目前世界上比较公认的人类起源说。之所以公认，因为这可不是想像出来的，是大批科学家经过多年的研究之后认定的。

一开始，科学家们研究化石，他们研究了非洲各个时期各种类人猿、原始人的化石，拿来跟亚洲、欧洲早期人类的化石、晚期人类的化石做对比。比对的结果就是上面讲的结论。

后来，DNA 技术出现了，事情变得简单了，可以从化石中取 DNA 做比对，科学家们发现，不管是现代欧洲人、现代亚洲人，还是现代澳洲人，大家的 DNA 都跟十几万年前一些非洲人类化石的 DNA 非常一致。显然，那几块化石的主人，是我们共同的祖先。

可是，这些说法还只是公认而已，没到绝对正确的程度。因为不管是化石，还是 DNA，都有少量解释不了的反例。比如，有科学家称，在地处欧洲的西班牙发现了 1000

多万年前的原始人类化石，比非洲的原始人要早几百万年。还有科学家说，他们在澳洲发现了 6 万年前的人类化石，这些化石的 DNA 跟现代人并不一致，他们不是非洲那几块化石主人的后代。

这个问题，我们一起等答案吧。

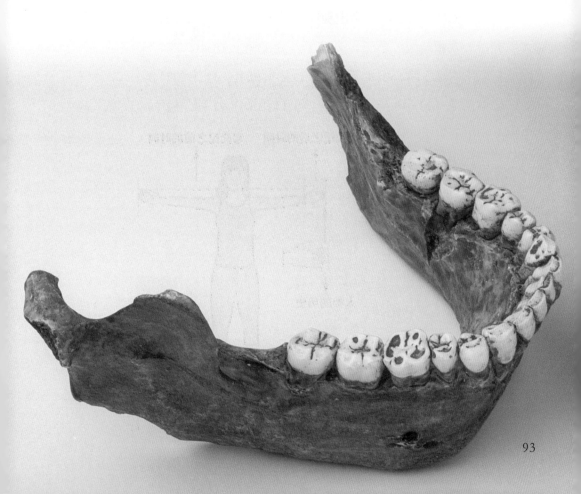

[人类的未来]

有一个很俗套的比喻，说它很俗套，是因为我已经听过很多遍。可它又是一个很好很形象的比喻，即便我不讲给你听，你以后在其他地方还会听到。那还是让我当第一个讲它的人吧。

比喻是这样的：如果把地球存在的 40 多亿年比作一天，那么，地球上最早的生命出现在凌晨 3 点的时候。之后，天亮了，太阳升起、落下，天黑了。到了晚上 10 点，这一天只剩下两个小时，发生了寒武纪生物大爆发。11 点的时候，恐龙出现，11∶40 分，恐龙灭亡，11∶58 分 42 秒，最早的人类出现。

还有一个更形象的比喻，一个人把两手伸直，这个长度比作地球历史，从一只手的指尖到另一只手的手腕，是寒武纪开始前的部分。另外一只手的部分，是寒武纪之后的时间，如果

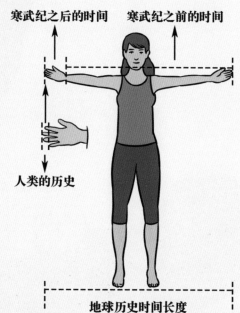

寒武纪之后的时间　　寒武纪之前的时间

人类的历史

地球历史时间长度

拿一个指甲刀，锉一下这只手的指甲，那么人类5千年的文明史就被锉掉啦。

还好，人类的历史虽然短暂，但人类的进步可以用飞速来形容了。跟单细胞生物占据地球的那30多亿年比，人类这几百万年取得的成果完全可以用巨大来形容。

10万年前，除了知道用火，人跟猿的区别还不是很大；1万年前，我们刚刚学会种稻子吃；1000年前，人类对宇宙、地球几乎一无所知；100年前，人类还不知道宇宙膨胀，还没发明计算机；现在，人类已经可以离开地球遨游太空啦。

人类发展的速度不断加快，要感谢人的学习能力和科技发展。尤其是现代科技，从伽利略开始，现代科学才不过几百年的时间，已经取得了这么大的成就。可以想象，未来，你生活的几十年里，还会有更多新发现和科技成果出现。

科学界预计，未来几十年的科技发展将会集中在三个方面：

其一，DNA革命。

人类已经知道生命是由写在细胞核内DNA上的基因密码决定的。2005年，经过全世界各个国家科学家们的参与，地球上所有人类的DNA基因组已经全部整理完了。整理这些基因组干嘛呢？生物学家们要研究它，开发改变、重写基因密码的技术。人类如果拥有这种技术，那可厉害啦。对付生病，打针吃药做手术都不用了。有遗传病的，提前改变一下他的基因密码，病就没啦；没病的，也提前改变一下基因密码，就不得病啦。想长寿？改变一下基因密码，轻轻松松活好几百岁。到那时候，再回想现在人类受疾病折磨的痛苦，该有多欣慰啊。

其二，计算机革命。

计算机的价值可能会远远超出我们的想象，它可能成为一种独立的文明，甚至是超越人类的文明。有一部科幻电影设想过这样的极端情况：地球被计算机系统控制，人呢，像萝卜一样被计算机种在营养液里，用自己的身体为计算机

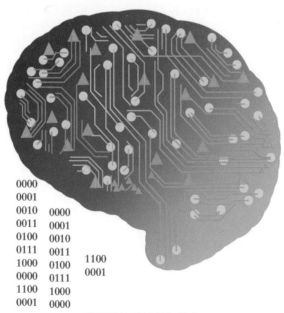

发展迅速的计算机革命

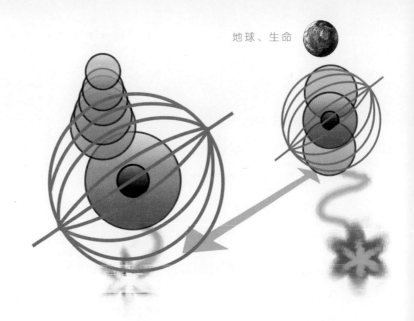

世界提供能源。计算机为了让人长成大个的好萝卜，给人的脑子里输入程序，让他不觉得自己是个生长的萝卜，而是一个生活在现实世界，有生活有工作的人。当然，所谓现实其实是假的，他只是一个在营养液里做梦的萝卜。

这是科幻，事实是，计算机一定会以一种高度发达的智力状态服务人类。计算机为人类服务不是取代人类干活那么简单，而是做更多人类做不了的事情，帮助人类进步。比如，成为一套独立的计算机文明系统，自觉为人类服务，自觉更正人类犯的错误。

其三，量子革命。

咱们讲过量子力学，对那些小粒子，人类所做的，现在还只是解释而已。会不会有一天我们可以控制那些小粒子？要知道，这些小粒子里藏着的能量，比咱们现在已经用到的，不知道要超出多少多少倍呢。还有，如果人类通过控制小粒子，制造出反物质，那我们就可以做违反物理规律的事情啦。或许，或许，就有了时空隧道？

不过，咱们也不能高兴太早，还不到得意的时候。人类文明还只是在初级阶段，很危险的阶段呢。

有一位科学家把宇宙中的文明分成这样几类：

第一类叫行星文明，这类文明还在依赖自身所在行星的能源，不过已经能够从这个行星内部获得大部分的能量，已经克服了文明自身的种种缺陷，能够向周围的行星进行小规模移民。

第二类叫恒星文明，恒星文明的能量消耗超出了自身星球的能源资源，需要而且能够从所在的恒星获得能量。这类文明已经可以承受任何自然灾害，包括来自外太空的天文灾害，能够让可能碰撞自己的行星偏离轨道。所以，恒星文明是不会死亡的文明，可以跟宇宙同在。

第三类叫星系文明，更牛，他们拥有接近光速的星际飞船，可以自由地在星际间旅行。即使自身所在恒星的能源消耗殆尽，他们也能够轻松换到其他恒星居住，不用替他们担心恒星间的距离，那时候的人们拥有超级能量，可以在太空中随意开凿虫洞。他们的旅行，用的可不是什么死老笨的宇宙飞船，而是五维、六维甚至更多维空间的概念。

现在的地球处在哪个阶段？很惨，上面的哪个都不是，我们还属于第 0 类文明，第 0 类文明是随时可能被毁灭或者自我毁灭的文明阶段。

第 0 类文明只是一个小孩，他对周围宇宙的了解越多，发现的潜在危险也越多，地球上的气候变化、可能的星际碰撞、莫名其妙的自然灾害，等等等等，这些危险还都不是他能抗拒的。

第 0 类文明还像是一个控制不住自己脾气的小孩，他对地球的资源利用远远不够，却已经制造出能够毁灭自己很多次的核武器。在他身上，还经常发生内部战争，这些战争打着宗教、民族、国家的名义，其实都是巨大的能量消耗。

文明向上进步一级，需要几乎 100 亿倍的能量提升。只有开发出更多更强可以利用的能源，只有减少文明内部的能源消耗，集中提高能源的利用效率，文明才能向前进步。科学家们认为，如果不出意外，差不多几百年的时间内，我们有可能达到第一类行星文明的阶段。

衷心希望未来的这几百年，不要出任何大的变故，让人类顺畅发展，先撑到第一类行星文明再说。

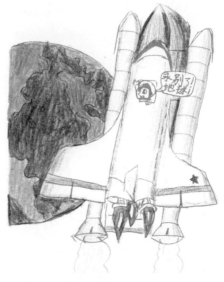

飞往太空的宇航飞船　泡泡（七岁）配图

图书在版编目（ＣＩＰ）数据

让孩子着迷的万物简史 / 泡爸著. -- 长沙 ：湖南科学技术
出版社，2018.6（2020.1重印）
（"泡爸讲知识"经典系列）
ISBN 978-7-5357-9763-6

Ⅰ．①让… Ⅱ．①泡… Ⅲ．①自然科学－少儿读物Ⅳ．①N49

中国版本图书馆 CIP 数据核字(2018)第 065231 号

RANG HAIZI ZHAOMI DE WANWU JIANSHI
"泡爸讲知识"经典系列

让孩子着迷的万物简史

著　者：泡爸
插　画：泡泡
责任编辑：李媛刘英
出版发行：湖南科学技术出版社
社　址：长沙市湘雅路 276 号
　　　　http://www.hnstp.com
湖南科学技术出版社天猫旗舰店网址：
　　　　http://hnkjcbs.tmall.com
印　刷：长沙新湘诚印刷有限公司
　　　　（印装质量问题请直接与本厂联系）
厂　址：长沙市开福区伍家岭新码头 95 号
邮　编：410008
版　次：2018 年 6 月第 1 版
印　次：2020 年 1 月第 2 次印刷
开　本：710mm×1000mm　1/16
印　张：6.75
书　号：ISBN 978-7-5357-9763-6
定　价：40.00 元